Agricultures tropicales en poche
Directeur de la collection
Philippe Lhoste

Le manioc, entre culture alimentaire et filière agro-industrielle

Philippe Vernier, Boni N'Zué, Nadine Zakhia-Rozis

Éditions Quæ, CTA, Presses agronomiques de Gembloux

À propos du CTA

Le Centre technique de coopération agricole et rurale (CTA) est une institution internationale conjointe des États du groupe ACP (Afrique, Caraïbes, Pacifique) et de l'Union européenne (UE). Il intervient dans les pays ACP pour améliorer la sécurité alimentaire et nutritionnelle, accroître la prospérité dans les zones rurales et garantir une bonne gestion des ressources naturelles. Il facilite l'accès à l'information et aux connaissances, favorise l'élaboration des politiques agricoles dans la concertation et renforce les capacités des institutions et communautés concernées.

Le CTA opère dans le cadre de l'Accord de Cotonou et est financé par l'UE.

CTA, Postbus 380, 6700 AJ Wageningen, Pays-Bas
www.cta.int

Éditions Quæ, RD 10, 78026 Versailles Cedex, France
www.quae.com

Presses agronomiques de Gembloux, Passage des Déportés, 2,
B-5030 Gembloux, Belgique
www.pressesagro.be

© Quæ, CTA, Presses agronomiques de Gembloux 2018
ISBN (Quæ) : 978-2-7592-2707-5
ISBN CTA : 978-92-9081-620-1
ISBN (PAG) : 978-2-87016-1531
ISSN : 1778-6568

Table des matières

Avant-propos

La collection « Agricultures tropicales en Poche » est gérée par un consortium comprenant le CTA de Wageningen (Pays-Bas), les Presses agronomiques de Gembloux (Belgique) et les éditions Quæ (France). Cette collection comprend trois séries d'ouvrages pratiques consacrés aux productions animales, aux productions végétales et aux questions transversales.

Ces guides pratiques sont destinés avant tout aux producteurs, aux techniciens, aux conseillers agricoles et aux acteurs des filières agro-alimentaires. En raison de leur caractère synthétique et actualisé, ils se révèlent être également d'utiles sources de références pour les chercheurs, les cadres des services techniques, les étudiants de l'enseignement supérieur et les agents des programmes de développement rural.

Ce livre présente, de façon synthétique et pratique, l'état des connaissances sur la filière manioc, depuis la plante, son milieu et ses pratiques culturales jusqu'à ses diverses utilisations, sa transformation et son rôle dans le développement économique des pays du Sud.

Le manioc est une culture relativement peu exigeante qui permet à des millions de petits paysans de nourrir leurs familles dans des environnements souvent difficiles (sols pauvres, pluviosité fluctuante, faible accès aux intrants). En effet, cette racine à multiplication végétative présente des caractères de résilience qui renforce l'intérêt de sa culture dans le contexte du réchauffement climatique.

Sa production est en forte croissance et elle concerne plus d'un demi-milliard d'agriculteurs. Elle contribue donc fortement à la sécurité alimentaire et à l'allègement de la pauvreté de très nombreuses familles paysannes des régions concernées. En outre, cette culture s'insère de plus en plus dans une chaîne de valeur tournée vers l'approvisionnement des villes et de l'industrie, tant pour des usages alimentaires que non alimentaires.

Cet ouvrage clair, concis et bien illustré constitue une synthèse actualisée des connaissances sur le manioc. Il intéressera l'ensemble des acteurs intervenant dans le développement de cette filière. Il a été coordonné par Philippe Vernier, agronome du Cirad, qui s'est associé les compétences de Boni N'Zué, sélectionneur, et de Nadine Zakhia-Rozis, technologue alimentaire.

Philippe Lhoste

Directeur de la collection Agricultures tropicales en poche

# Remerciements

Les auteurs remercient chaleureusement toutes les personnes qui ont, à des degrés divers, contribué à cet ouvrage et ont facilité l'accès à la documentation nécessaire (par ordre alphabétique) :
– au Cirad, citons Alain Angé, Jacques Arrivets [†], Victoria Bancal, Martine Barale, Stéphane Boulakia, Marie-Line Caruana, Dominique Dufour, Thierry Ferré, Denis Filloux, Cécile Fovet-Rabot, Claire Jourdan-Ruf, Didier Lesueur, Philippe Lhoste, Philippe Menozzi, Christian Mestres, Pierre Silvie et Thierry Tran ;
– au CNRA, citons Evrard Konan Dibi, Catherine Ebah-Djédji, Lassina Fondio, Bernard Goue Dea, Krah Kouadio, Michel Amani Kouakou, Germain Ochou, Abdourahamane Sangaré, André Brou Yao, Wongbé Yté (DG), Nicodème Zakra, Pierre Goli Zohouri, Coulibaly Zoumana ;
– ainsi que Elizabeth Alvarez (CIAT), Robert Asiedu (IITA, Nigeria), Nidia Betancourth (Clayuca, Colombie), Hernan Ceballos (CIAT, Colombie), Odette Denezon Dogbo (Université Nangui Abrogoua, Côte d'Ivoire), Alfred Dixon (IITA), Claude Fauquet (GCP21), Sara Girardello (LMC), Georg Goergen (IITA, Bénin), Joseph Hounhouigan (FSA, Bénin), Reinhardt Howeler (CIAT), Paul Ilona (HarvestPlus), Andrew Jarvis (CIAT), Peter Kulakow (IITA, Ibadan), Lava Kumar (IITA, Nigeria), Jonathan Newby (CIAT, Vietnam), Bernardo Ospina (Clayuca, Colombie), Elizabeth Parkes (IITA, Nigeria), Gerard Stapleton (LMC), Mario Takahashi (IAPAR, Paraná, Brésil), Valérie Verdier (IRD, France), Kris Wyckhuys (CIAT, Vietnam).

Nous exprimons notre gratitude particulièrement au Dr Claude Fauquet, Directeur de GCP21, pour sa relecture attentive et minutieuse du manuscrit ainsi qu'au Professeur Joseph Hounhouigan, doyen de la Faculté des Sciences agronomiques, Université d'Abomey-Calavi du Bénin, pour la relecture du chapitre 6 – « Les utilisations du manioc ».

 Introduction : une filière stratégique en termes de sécurité alimentaire et de développement économique pour de nombreux pays du Sud

Le manioc est l'aliment de base de plus de 800 millions de personnes dans les zones tropicales — dont 500 millions en Afrique — et sa production est en constante augmentation à un rythme supérieur à celui des céréales. Depuis 1961, le manioc a vu sa production multipliée par 3,5, alors que la production de l'ensemble des racines et des tubercules l'a été par 1,8 et celle des céréales par 3. Face aux changements globaux et notamment au réchauffement climatique, cette plante à multiplication végétative présente des caractères de résilience qui pourraient encore accroître son importance pour la sécurité alimentaire des pays tropicaux. Cependant, cette culture fait face à des risques sanitaires inquiétants en raison de l'émergence de nouvelles souches de bio-agresseurs qui menacent sa pérennité. Ce constat justifie qu'on apporte un intérêt accru à cette filière et qu'on actualise les données qui y sont liées. La filière manioc est de plus en plus pilotée par l'aval et par les transformations postrécolte pour l'approvisionnement des industries agroalimentaires et non alimentaires, dans un contexte de croissance des échanges internationaux. Il est nécessaire que tous les acteurs (producteurs, techniciens agricoles, transformateurs artisanaux et industriels, commerçant , consommateurs et décideurs) aient accès, sous une forme accessible et synthétique, aux informations et aux connaissances disponibles à ce jour, ainsi qu'aux perspectives d'évolution. Cet ouvrage a l'ambition d'y contribuer.

Originaire du Brésil et adaptée aux zones tropicales humides, sa culture s'est étendue dans toute la zone intertropicale jusqu'à des régions plus sèches (jusqu'à 500 à 600 mm de précipitations) où sa production progresse. Le manioc constitue un véritable garde-manger sur pied. La récolte est très plastique et s'échelonne entre six mois et deux ans après la plantation et les racines sont disponibles tout au long de l'année. Les feuilles sont également consommées et constituent une source non négligeable de protéines et de vitamines.

À côté des systèmes traditionnels paysans, on observe, dans certaines régions, notamment en Asie du Sud-Est, le développement de productions plus intensives destinées à fournir des matières premières (manioc sec, amidon, bioéthanol) pour l'industrie de transformation alimentaire et non alimentaire. Ces systèmes s'inscrivent dans des chaînes de valeur intégrées orientées vers l'exportation afin d'approvisionner l'industrie de transformation (aliment du bétail, glucose, bioplastique, produits dérivés de l'amidon…) des pays fortement industrialisés (Chine, Corée du Sud, Japon…). Ces nouveaux débouchés sont une source de revenus supplémentaires pour les agriculteurs mais génèrent aussi de nouvelles contraintes et des besoins technologiques en termes de matériel génétique et de techniques de production agricole. L'Afrique, encore peu active sur le marché international du manioc, pourrait devenir un acteur important de ces filières dans les décennies à venir.

1. L'importance du manioc dans le monde

Forte augmentation de la production mondiale de manioc depuis 50 ans

Avec une production annuelle de plus de 268 millions de tonnes de racines fraîches récoltées en 2014, le manioc représente 32 % de la production mondiale de racines et tubercules alimentaires après la pomme de terre qui contribue pour 45 % du total (FAOSTAT 2016, figure 1 et tableau 1). Dans leur ensemble, les plantes à racines et tubercules ont atteint en 2014 une production totale de plus de 845 millions de tonnes en produit frais, à comparer avec celle des céréales qui a dépassé 2,8 milliards de tonnes. Exprimés en matière sèche, la production des racines et tubercules est de 295 millions de tonnes, pour une teneur moyenne en matière sèche de 35 %, et celle de céréales de 2,52 milliards de tonnes, avec une teneur de 90 % en matière sèche. Les céréales restent donc de loin la principale source alimentaire, mais les racines et tubercules constituent un complément non négligeable et même crucial dans certains pays notamment chez les populations les plus pauvres.

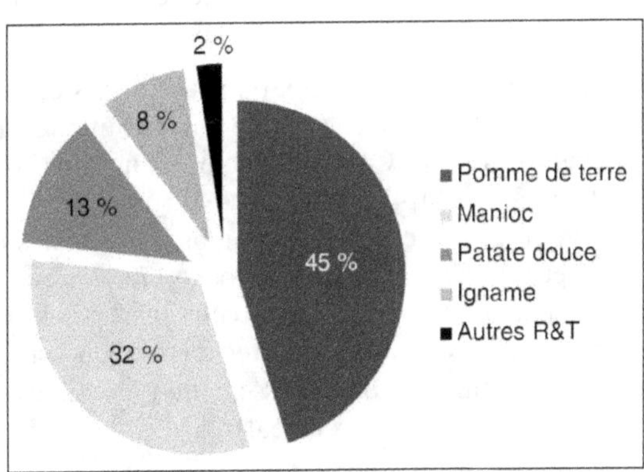

Figure 1.
Production des racines et tubercules
dans le monde en 2014 :
proportion des différents types (FAOSTAT, 2016).

Tableau 1. Production mondiale des principales cultures amylacées (FAOSTAT, 2016).

Culture	Production brute (10^6 tonnes)en 2014	Teneur en matière sèche(%)	Équivalent en matière sèche(10^6t)
Maïs	1 037	88	913
Riz (paddy)	741	88	652
Blé	729	88	642
Manioc	268	30	80
Pomme de terre	381	30	114
Igname	68	30	20

Avec près de 24 millions d'hectares en 2014, les surfaces cultivées en manioc ont plus que doublé depuis 1961 (date de début des statistiques FAO) : × 2,48 soit une augmentation de 148 %. Cette hausse est très supérieure à celle de l'ensemble des racines et tubercules qui ont vu leurs surfaces augmenter de 30 % et les céréales de 11 % sur la même période. Le maïs, céréale dont les surfaces cultivées (184 millions d'hectare en 2014) ont le plus augmenté, a eu une progression de 75 % durant la même période (tableau 2).

Entre 1961 et 2014, la production de manioc est passée de 71 à 268 millions de tonnes (Mt) soit + 277 % (+ 86 % pour l'ensemble des racines et tubercules). Durant la même période, la production de céréales triplait (+ 222 %) pour dépasser 2,8 milliards de tonnes en 2014 quand le maïs quintuplait (+ 406 %) avec plus d'un milliard de tonnes en 2014.

La progression de la production a été, pour toutes ces cultures, plus rapide que celle des surfaces emblavées, ce qui traduit une augmentation des rendements moyens. Celui du manioc a augmenté de + 51 % en 54 ans (11,2 t/ha en 2014) quand celui du maïs progressait de + 195 % (5,6 t/ha en 2014), celui de l'ensemble des racines et tubercules de + 43 % et celui de toutes céréales de + 178 %. Cette moindre performance des plantes à racines et tubercules n'est pas surprenante. Elle est la conséquence d'un effort de recherche peu soutenu pour améliorer ces cultures ainsi que d'investissements plus faibles au niveau de ces productions par rapport aux céréales.

Le bond en avant des surfaces de manioc, culture dont on connaît la plasticité et la capacité d'adaptation à des sols pauvres ou dégradés, résulte de deux phénomènes : l'augmentation de la population des régions tropicales et, dans le même temps, le maintien voire l'accroissement de

Tableau 2. Évolution mondiale des surfaces et de la production de quelques cultures amylacées sur la période 1961-2011 et en 2014 (FAOSTAT, 2016).

Critère	Culture	Années							Progression entre l'année 2014 et l'année 1961 (%)
		1961	1971	1981	1991	2001	2011	2014	
Surfaces cultivées (10^6 ha).	Céréales	648,0	686,9	726,5	705,0	672,8	706,1	721,4	11
	Racines et tubercules	47,6	47,4	45,8	47,6	53,0	57,4	61,9	30
	Maïs	105,5	118,2	127,9	133,8	137,5	171,2	184,8	75
	Manioc	9,6	11,8	13,8	16,3	17,0	20,6	23,9	149
Production (10^6 t)	Céréales	876	1 300	1 632	1 891	2 111	2 584	2 819	222
	Racines et tubercules	455	529	541	580	687	805	845	86
	Maïs	205	314	447	494	616	887	1 038	406
	Manioc	71	99	128	160	182	253	268	277
Rendement (t/ha)	Céréales	1,4	1,9	2,2	2,7	3,1	3,7	3,9	178
	Racines et tubercules	9,6	11,2	11,8	12,2	13,0	14,0	13,7	43
	Maïs	1,9	2,7	3,5	3,7	4,5	5,2	5,6	195
	Manioc	7,4	8,4	9,3	9,8	10,7	12,3	11,2	51

la pauvreté, poussant les consommateurs les plus pauvres à rechercher les aliments énergétiques les moins chers. Plus de la moitié du manioc est produit en Afrique. Globalement le manioc est beaucoup plus productif que les céréales en Afrique subsaharienne, notamment sur les sols épuisés et marginaux, avec un rendement moyen de 2,5 t/ha/an de matière sèche contre moins de 1 t/ha pour les céréales (Uhder *et al.*, 2013).

Plus de cent pays produisent du manioc, tous localisés en zone tropicale : vingt pays ont eu une production annuelle supérieure à 2,5 millions de tonnes de racines, et dans quatre pays (Nigeria, Thaïlande, Indonésie et Brésil) elle est supérieure à 20 millions de tonnes sur la période 2012-2014 (tableau 3 et figure 2).

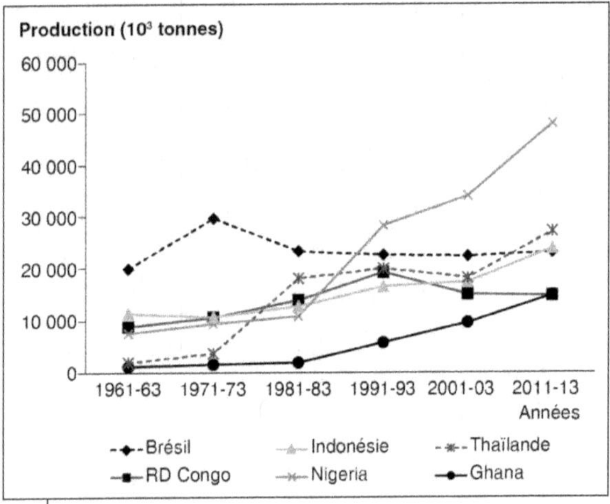

Figure 2.
Évolution de la production de manioc des cinq premiers pays producteurs de 1960 à 2013 (FAOSTAT, 2016).

Sur la période de 2011 à 2013, le continent africain a produit 56 % du manioc mondial (44 % sur la période 1961-1963, 39 % sur la période 1980-1982) avec près de 140 millions de tonnes, contre 35 millions en Amérique latine et 76 millions en Asie, principalement dans le sud-est du continent (figure 3). Bien qu'originaire d'Amérique tropicale, le manioc est maintenant une culture largement africaine mais connaît une progression également forte en Asie. Si globalement la production a plus que triplé en cinquante ans ($\times$ 3,4), cette progression a été plus forte sur le continent africain. La répartition de la production selon les continents s'est profondément modifiée. Elle a été multipliée par 4,3

en Afrique et par 4,6 en Asie mais n'a progressé que de 30 % sur la même période en Amérique latine. En Afrique alors que les différentes parties du continent faisaient pratiquement jeu égal dans les années 1960, l'Afrique de l'Ouest a produit plus de 75 millions de tonnes par an sur la période de 2011 à 2013, loin devant l'Afrique centrale (35 Mt/an) et l'Afrique de l'Est (28 Mt/an) (figure 4).

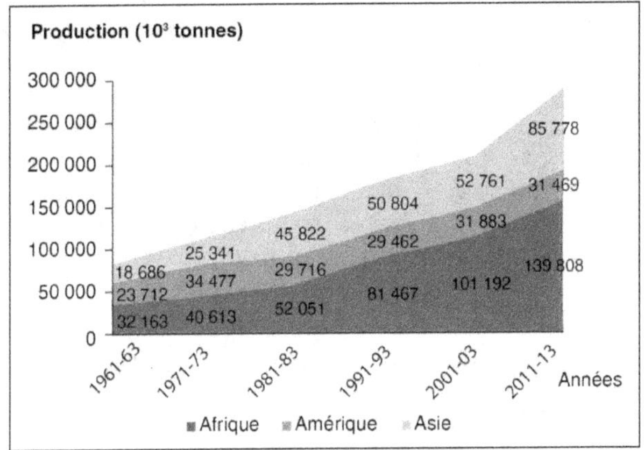

Figure 3.
Évolution de la production de manioc par continent de 1960 à 2013 (FAOSTAT, 2016).

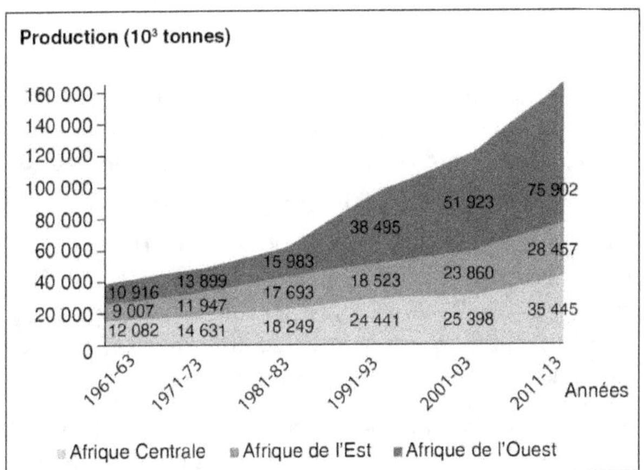

Figure 4.
Évolution de la production africaine de manioc par sous-région de 1960 à 2013 (FAOSTAT, 2016).

Parmi les vingt premiers producteurs mondiaux, douze sont africains, deux latino-américains et six asiatiques. Le Nigeria est de loin le premier producteur mondial de manioc avec plus de 51 millions de tonnes par an sur la période de 2012 à 2014 suivi de la Thaïlande avec environ 30 millions de tonnes par an. La production du Nigeria a plus que sextuplé ($\times$ 6,6) en cinquante ans quand celle de la Thaïlande était multipliée par plus de 15. Les autres pays affichant une progression remarquable sont le Ghana ($\times$ 13), le Bénin ($\times$ 11), le Rwanda ($\times$ 17), le Malawi ($\times$ 35), la Sierra Leone ($\times$ 65) et surtout le Cambodge ($\times$ 565). Ce dernier pays, dont la production était insignifiante dans les années 1960, a vu sa production exploser à partir des années 2000 pour devenir le 8e pays producteur mondial avec près de 8 millions de tonnes sur la période de 2012 à 2014 (tableau 3). Même si les statistiques agricoles de certains pays sont à prendre avec précautions, ces chiffres montrent une forte progression de la production de manioc en Afrique et dans certains pays du Sud-Est asiatique.

Un commerce international limité mais en expansion

Les racines et tubercules à l'état brut sont des produits périssables et pondéreux, car ils ont une forte teneur en eau (60 à 80 %), ce qui rend les échanges à longues distances compliqués et onéreux. Aussi le commerce international de ces produits frais représente une faible part de la production et concerne surtout des produits transformés, artisanalement ou industriellement. Ces contraintes sont particulièrement fortes dans le cas du manioc dont la durée de conservation de la racine fraîche n'excède pas trois jours en l'absence de transformation ou de protection des racines, par de la paraffine par exemple.

Les échanges internationaux de manioc se font principalement sous forme de produits séchés (cossettes, agglomérés et pellets) d'une part et de produits pulvérulents (farine et fécule) d'autre part. L'éthanol produit par fermentation soit à partir de la farine, soit directement à partir des racines fraîches, est un produit en expansion.

Les cossettes sont obtenues par séchage des racines préalablement pelées et découpées en fragments. Ces opérations peuvent se faire artisanalement avec un séchage naturel à l'air libre très dépendant des conditions atmosphériques ou être industrialisées dans des unités de transformation avec un séchage thermique. Les cossettes peuvent aussi

Tableau 3. Évolution de la production de manioc sur 50 ans des 20 premiers pays producteurs en 2014 (FAOSTAT, 2016).

Pays	Production moyenne (10^3 tonnes)			Progression de la production	
	période 1 1962–1964	période 2 1992–1994	période 3 2012–2014	période 1/ période 2	période 2/ période 3
Cambodge	14	89	7837	564,5	88,3
Malawi	140	198	4840	34,7	24,4
Sierra Leone	59	229	3844	65,3	16,8
Rwanda	172	255	2941	17,1	11,5
Angola	1298	2034	11562	8,9	5,7
Vietnam	1200	2459	9901	8,3	4,0
Benin	333	1111	3874	11,6	3,5
Cameroun	623	1666	4600	7,4	2,8
Ghana	1158	5887	15687	13,6	2,7
Côte d'Ivoire	487	1525	3029	6,2	2,0
Nigeria	7783	30106	51063	6,6	1,7
Thaïlande	1915	19883	30033	15,7	1,5
Indonésie	11775	16510	23850	2,0	1,4
Inde	2157	5758	8041	3,7	1,4
Mozambique	2683	3367	4569	1,7	1,4
Chine	1211	3433	4611	3,8	1,3
Brésil	22149	22746	22594	1,0	1,0
Paraguay	1149	2588	2515	2,2	1,0
République du Congo	9 06	19257	14703	1,6	0,8
Tanzanie	3000	7051	5070	1,7	0,7

être broyées et agglomérées pour donner des pellets ou des granules (on parle de manioc sec), ou bien moulues et réduites en farine. Le commerce international du manioc sec a comme principal débouché l'alimentation animale et des utilisations industrielles alimentaires et non alimentaires.

C'est surtout au Brésil (où plus de 70 % du manioc est transformé en farine) et en Colombie que le manioc est utilisé pour l'alimentation animale. En Amérique latine, la production est destinée pour moitié à l'alimentation animale et pour l'autre moitié utilisée à la consommation locale ou à l'exportation. Dans les productions animales, le manioc est présent principalement dans les filières porcines et avicoles et, pour ce qui est de l'Asie, également dans la pisciculture d'eau douce.

Dans les statistiques du commerce international des produits dérivés du manioc, on ne distingue généralement pas farine et amidon (ou fécule) de manioc bien qu'il s'agisse de produits aux propriétés différentes. Ils proviennent des mêmes racines de manioc mais passent par des phases de production différentes, par voie sèche pour la farine et par voie humide pour l'amidon.

La production annuelle mondiale d'amidon primaire (ou natif, toutes sources confondues) est estimée à 72 Mt en 2017 et on prévoit qu'elle pourrait dépasser les 180 Mt en 2022. La moitié de l'amidon produit est transformé en édulcorant et le reste utilisé directement comme amidon, 28 Mt d'amidon natif et 8 Mt d'amidon modifié. L'amidon natif provient principalement du maïs (60 %) et du manioc (27 %), le reste étant extrait à parts égales (6 %) de la pomme de terre et du blé. Le commerce international de l'amidon natif porte sur environ 5,2 Mt. Sur cette dernière quantité 37 % proviennent du manioc, 27 % du maïs et 20 % de la pomme de terre (LMC International, 2015).

En 2013, les exportations de manioc sec (cossettes et pellets) s'élevaient à 7,8 millions de tonnes et celles d'amidon à 3 millions de tonnes (figures 5 et 6). Exprimé en équivalent racines fraîches, l'ensemble de ces exportations représente 12,8 % de la production mondiale. La Thaïlande et le Vietnam sont de loin les deux principaux exportateurs, assurant respectivement 74 % et 22 % des échanges mondiaux (tableau 4).

Concernant l'amidon, la prépondérance de la Thaïlande, qui fournit 82 % des exportations totales, est encore plus écrasante. Au 2e rang, le Vietnam pourvoit à 13 % de la production d'amidon. Même si cela n'apparaît pas dans les statistiques officielles, une bonne partie du manioc exportée par la Thaïlande provient du Cambodge dont la production avoisine les 4 millions de tonnes alors que la consommation intérieure est très réduite.

Hors Asie, le Costa Rica (91 000 tonnes de manioc sec exportées en 2013) est le principal exportateur américain (70 % de ses exportations vont vers les États-Unis) mais ne représente que 1,2 % du marché mondial du manioc sec tandis que le Paraguay dirige toutes ses exportations (30 000 tonnes d'amidon et 16 000 tonnes de manioc sec) vers le Brésil. En Afrique, l'Ouganda (8 800 tonnes de manioc sec) est le

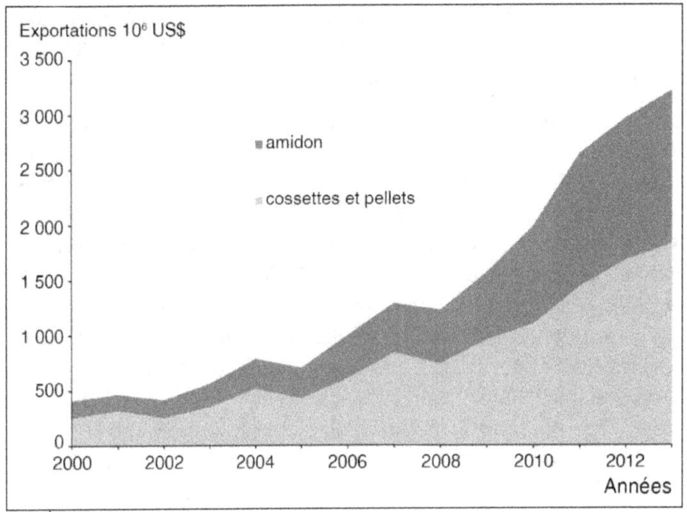

Figure 5.
Commerce international du manioc : exportations mondiales d'amidon et de cossettes sur la période 2000 à 2013 (FAOSTAT, 2016).

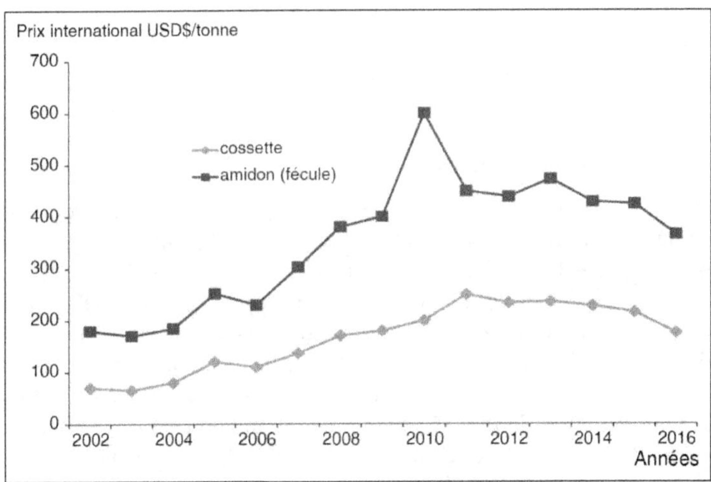

Figure 6.
Évolution du prix international du manioc (cossettes et amidon) sur la période 2002 à 2016 (FOB – Bangkok) (Thai Tapioca TYrade Association & FAO, perspectives de l'alimentation, 2017).

seul pays africain dont le niveau d'exportation est significatif, notamment vers les pays de sa sous-région, à savoir, Burundi, Rwanda et République démocratique du Congo principalement.

Depuis l'année 2007, les flux vers l'Asie se sont fortement accélérés et, en 2013, l'Asie représente plus de 97 % des importations mondiales de cossettes et 84 % de celles d'amidon. En 2001, pour la première fois, les importations de produits du manioc des pays asiatiques ont dépassé celles de l'Europe et de l'Amérique du Nord. Depuis, les flux internationaux se sont concentrés sur l'Asie. La Chine représente à elle seule plus de 85 % des importations mondiales de manioc sec et plus de 52 % de celles d'amidon, ses achats ayant plus que doublé depuis 2004. Les autres pays importateurs d'importance étant, pour le manioc sec, la Corée du Sud (6,6 % des volumes mondiaux) et la Thaïlande (5,4 %) qui s'approvisionne pour partie au Cambodge à des fins de réexportation, et pour l'amidon, Taïwan (12,2 %), l'Indonésie (8,1 %), la Malaisie (6,2 %), le Japon (5,0 %) et les États-Unis (2,3 %). (tableaux 5, 6, 7 et 8).

L'intérêt de la Chine pour le manioc s'explique par le dynamisme de sa filière éthanol. En 2011, la Chine était le troisième producteur mondial d'éthanol après les États-Unis et le Brésil. La décision des autorités chinoises en 2007 de ne plus utiliser de grains pour produire des biocarburants par souci de limiter la hausse des prix des céréales et de ne pas fragiliser la sécurité alimentaire a incontestablement dopé la demande de manioc. Actuellement, 50 % de la production d'éthanol provient de cette plante et de la patate douce. On estime qu'une tonne de racines de manioc (à une teneur de 30 % d'amidon) permet d'obtenir près de 270 litres d'éthanol.

Selon la Cnuced, la quantité de bioéthanol, produit en 2011 essentiellement à partir de maïs et de canne à sucre, devrait augmenter de 50 % pour atteindre 1,55 milliard d'hectolitres au niveau mondial en 2020. Dans les pays en développement, l'OCDE prévoit que plus de 80 % du bioéthanol produit en 2020 devrait être dérivé de la canne à sucre, du fait de la suprématie du Brésil en tant que producteur de bioéthanol. Les racines et tubercules, notamment le manioc, ne devraient contribuer que pour 4 % du total. Cependant, si on fait abstraction du Brésil, la part des racines et tubercules, et en particulier du manioc, serait beaucoup plus élevée (15 %) compte tenu notamment de l'importance de cette culture comme source d'amidon en Chine.

L'Union européenne a longtemps été la destination principale des exportations mondiales de manioc sec, principalement en provenance

Tableau 4. Exportations mondiales de produits transformés de manioc en 2013 (FAOSTAT, 2016).

Cossettes et pellets (10⁶ t)	Amidon (10⁶ t)	Cossettes équivalent frais (10⁶ t) (= poids sec × 2,5)	Amidon équivalent frais (10⁶ t) (= poids sec × 5)	Exportations totales mondiales en équivalent frais (10⁶ t)	Production mondiale de manioc frais (10⁶ t)	Exportations / production (%)
7,80	2,96	19,6	14,8	34,4	268	12,8

Tableau 5. Principaux pays exportateurs (base 2013) de manioc sec (FAOSTAT, 2016).

Pays	Année 2004		Année 2009		Année 2013	
	Production (10³ t)	Part mondiale (%)	Production (10³ t)	Part mondiale (%)	Production (10³ t)	Part mondiale (%)
Thaïlande	5 019,012	78,5	4 357,294	63,2	5 816,935	74,2
Vietnam	749,666	11,7	2 294,131	33,3	1 689,612	21,5
Indonésie	234,169	3,7	168,062	2,4	127,025	1,6
Costa Rica	0	0,0	18,479	0,3	91,066	1,2
Cambodge	0	0,0	0	0,0	59,952	0,8
Total monde	6 389,962	100,0	6 889,062	100,0	7 843,378	100,0

Tableau 6. Principaux pays exportateurs (base 2013) de produits transformés de manioc (amidon) (FAOSTAT, 2016).

Pays	Année 2004		Année 2009		Année 2013	
	Production (10³ t)	Part mondiale (%)	Production (10³ t)	Part mondiale (%)	Production (10³ t)	Part mondiale (%)
Thaïlande	1 039,699	75,5	1 743,071	78,5	2 428,550	82,1
Vietnam	-	-	397,453	17,9	382,189	12,9
Indonésie	185,320	13,5	13,197	0,6	58,654	2,0
Chine	110,274	8,0	28,073	1,3	33,197	1,1
Paraguay	99,620	0,7	8,347	0,4	29,494	1,0
Total Monde	1 376,571	100,0	2 219,391	100,0%	2 957,877	100,0

de Thaïlande pour l'alimentation animale. Avec l'application des contingents tarifaires annuels pour l'importation de manioc sec et la fécule de manioc, l'Union européenne est devenue un acteur mineur, avec des volumes d'importation qui fluctuent en fonction du marché céréalier européen. Depuis 2009, l'abondance des approvisionnements communautaires en céréales fourragères a contribué à la diminution de ces importations. Le principal importateur européen de manioc, les Pays-Bas, est avant tout un pays de transit qui réexporte la majeure partie de ses importations entrant par le port de Rotterdam : 11 000 tonnes de manioc sec et 10 000 tonnes d'amidon importées, pour 8 000 tonnes de manioc sec et 7 500 tonnes d'amidon réexportées annuellement au cours de la période de 2011 à 2013, vers les autres pays de l'Union européenne. Au total, avec la Norvège et la Suisse, l'Union européenne ne représente en 2013 plus que 1,7 % des importations mondiales d'amidon de manioc et moins de 0,4 % de celles de manioc sec.

Le commerce international du manioc concerne essentiellement l'Asie du Sud-Est, qui représente 95 % des exportations mondiales, et l'Asie orientale pour les importations. La demande internationale provient surtout de la Chine, qui s'approvisionne en manioc de plus en plus à l'étranger, pour son industrie et pour l'alimentation animale. Dans cette filière, la Thaïlande reste le principal fournisseur mais le Vietnam a fait son retour en 2015 et est devenu le second acteur d'un marché

Commerce mondial en résumé

Exportations 2013

7,8 millions de tonnes de manioc sec (cossettes, pellets) : 74 % en provenance de Thaïlande, 22 % du Vietnam

2,96 millions de tonnes d'amidon : 90 % en provenance de Thaïlande, 4,4 % d'Indonésie

~ 34 millions de tonnes équivalent racines fraîches, ~13 % de la production mondiale

Importations 2013

Chine : 85 % du manioc sec, 52 % de l'amidon

Indonésie : 8 % de l'amidon ; Malaisie : 6 % de l'amidon

Corée du Sud : 6,6 % du manioc sec

États-Unis : 2,3 % de l'amidon

mondial qui représentait plus de 3,2 milliards $USD en 2013, dont plus de la moitié (57 %) sous forme de produit sec (cossettes et pellets), et 43 % sous forme d'amidon et produits assimilés (figure 5).

Après un pic dans les années 2010-2011, les prix sont depuis orientés à la baisse et atteignaient à la fin de l'année 2016, 176 $USD/tonne pour le manioc sec et 366 $USD/tonne pour l'amidon au départ de la Thaïlande (figure 6).

Tableau 7. Principaux pays importateurs (base 2013) de manioc sec (FAOSTAT, 2016).

Pays	Année 2004		Année 2009		Année 2013	
	Manioc sec (10^3 t)	Part mondiale (%)	Manioc sec (10^3 t)	Part mondiale (%)	Manioc sec (10^3 t)	Part mondiale (%)
Chine	3 473,063	52,1	6 116,992	85,1	7 388,835	85,1
Corée (Sud)	460,373	6,9	551,734	7,7	577,440	6,6
Thaïlande	0,008	0,0	324,172	4,5	472,875	5,4
États-Unis	57,848	0,9	61,991	0,9	93,382	1,1
Rwanda	-		3,982	0,1	29,936	0,3
Japon	30,027	0,5	31,872	0,4	28 687	0,3
Monde	6 672,027	100,0	7 188,762	100,0	8 687,074	100,0

Tableau 8. Principaux pays importateurs (base 2013) de produits transformés de manioc (amidon) (FAOSTAT, 2016).

Pays	Année 2004		Année 2009		Année 2013	
	Produits transformés (10^3 t)	Part mondiale (%)	Produits transformés (10^3 t)	Part mondiale (%)	Produits transformés (10^3 t)	Part mondiale (%)
Chine	724,699	39,9	832,009	39,7	1 421,395	52,5
Taiwan	363,010	20,0	365,989	17,5	329,877	12,2
Indonésie	55,807	3,1	166,813	8,0	220,088	8,1
Malaisie	113,837	6,3	167,463	8,0	167,323	6,2
Japon	130,121	7,2	137,053	6,5	134,241	5,0
États-Unis	20,882	1,1	25,208	1,2	62,631	2,3
Monde	1 816,532	100,0	2 094,172	100,0	2 705,388	100,0

La consommation humaine

La consommation de manioc à usage alimentaire (65 % du manioc consommé dans le monde) est largement répandue dans toute la zone intertropicale mais c'est sur le continent africain que la consommation par tête est la plus importante (figure 7). Parmi les 34 pays dont la consommation de manioc (frais et transformé) est supérieure à 50 kcal/personne/jour, 23 sont africains. La République du Congo, le Mozambique, le Ghana et l'Angola viennent largement en tête avec plus de 200 kcal/personne/jour ou 500 kg/personne/an. Le premier pays non africain est le Paraguay (289 kcal/personne/jour et 124 kg/personne/an) au 13ᵉ rang et le premier pays asiatique est l'Indonésie (132 kcal/personne/jour et 47 kg/personne/an) au 22ᵉ rang.

Depuis les années 1970, la consommation a diminué dans la plupart des grandes régions consommatrices, à l'exception de l'Afrique de l'Ouest où au contraire elle est passée de 78 à 102 kg/personne/an entre la période 1971 à 1973 et la période 2011 à 2013 (tableau 9). L'Afrique centrale reste la région où cette consommation est la plus importante (125 kg/personne/an en 2011-2013) et l'Afrique orientale (60 kg/personne/an) la moins consommatrice. Hors continent africain, la consommation n'est significative qu'en Amérique du Sud, en Asie du Sud-Est et dans les Caraïbes, régions qui ont cependant toutes enregistré une baisse de la consommation moyenne depuis les années 1970.

Perspectives

Le commerce mondial des produits dérivés du manioc, en grande partie soutenu par la demande industrielle, a connu une forte croissance jusqu'en 2012. Cette croissance s'explique, selon la FAO, par la compétitivité des prix du manioc par rapport à ceux du maïs, notamment grâce aux politiques mises en place en Thaïlande, premier fournisseur mondial de produits dérivés du manioc. Après une croissance régulière jusqu'en 2011, les cours mondiaux des cossettes et de l'amidon de manioc semblent se stabiliser en dépit de la très forte demande et de l'extrême volatilité des marchés des céréales.

Les perspectives pour les prochaines années indiquent une poursuite de la croissance de la production en Afrique, où le manioc reste une culture stratégique pour la sécurité alimentaire et la réduction de la

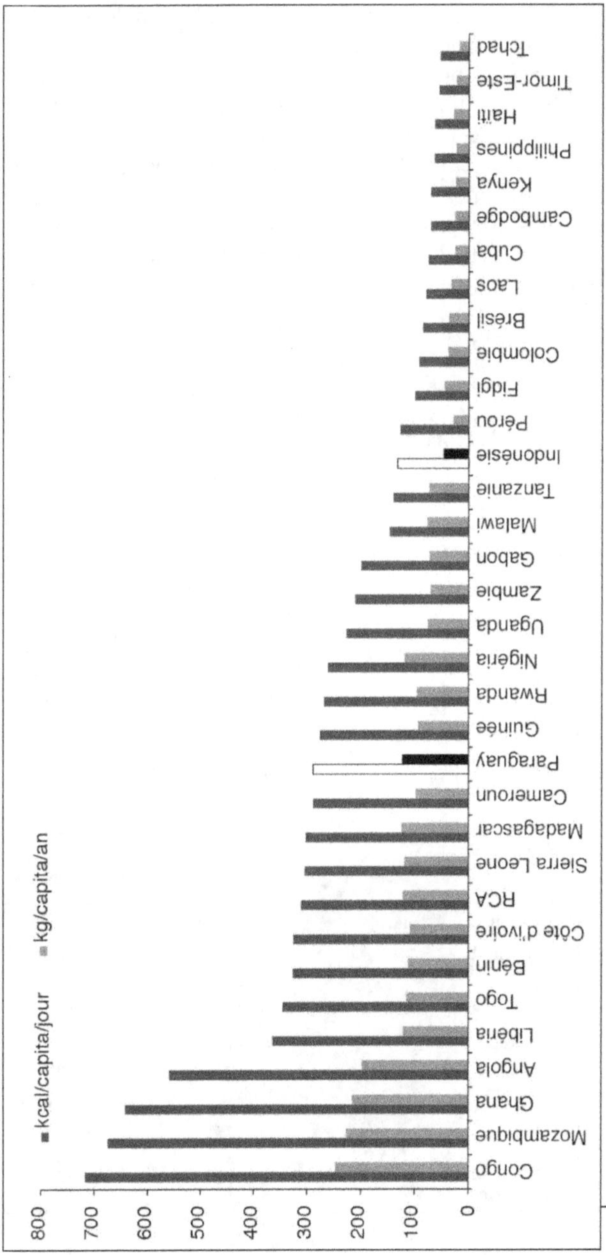

Figure 7.
Consommation de manioc et de produits à base de manioc des pays consommateurs (FAOSTAT, 2016).

pauvreté. Cependant, la propagation de plus en plus rapide de certaines maladies, comme la striure brune du manioc, inquiète le continent si un remède n'est pas rapidement trouvé pour lutter contre ce fléau. En dépit de l'importance alimentaire et économique du manioc en Afrique, les recherches y sont cependant restées relativement peu développées. Un effort de financement de la recherche et du développement est donc nécessaire non seulement en raison de la forte demande commerciale et de la consommation croissante, et des potentialités de production énormes du manioc face aux changements climatiques, mais aussi à cause de nouvelles pressions sanitaires qui menacent cette plante.

En Asie, les perspectives sont, selon la FAO, plus incertaines, et dépendront de l'évolution du ratio entre le cours du maïs et celui du manioc et de la compétitivité du manioc pour la production d'éthanol par rapport à d'autres matières premières. Ces résultats seront très influencés par le degré de soutien que la Thaïlande accordera à son secteur national et du régime des prix garantis qui sera mis en œuvre dans ce pays.

Tableau 9. Évolution des disponibilités alimentaires en produit manioc (FAOSTAT, 2016).

		Disponibilités en produit manioc (kg/personne/an)	
		Période 1971-1973	Période 2011-2013
Région	Afrique centrale	169	125
	Afrique de l'Ouest	78	102
	Afrique de l'Est	79	60
	Amérique du Sud	59	30
	Asie du Sud-Est	34	25
	Caraïbes	21	20
Pays	République du Congo	332	247
	Mozambique	272	221
	Ghana	128	215
	Angola	239	197
	Madagascar	112	125
	Paraguay	170	125
	République centrafricaine	448	141
	Liberia	175	122
	Nigeria	87	123
	Sierra Leone	32	112

2. La plante

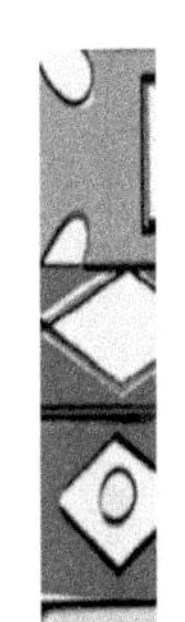

Botanique

▶ Taxonomie

Le genre *Manihot* appartient à l'embranchement des plantes Dicotylédones et à la famille des Euphorbiaceae. Il comprend plus de 200 espèces. La seule espèce cultivée du genre *Manihot* est *M. esculenta* Crantz. Plusieurs synonymes existent dont *M. utilissima* Pohl, *M. dulcis* Pax, *M. melanobasis* Mueller, *M. aipi* Pohl, *M. flexuosa* Pax, etc.

▶ Origine génétique et espèces apparentées

Les cinq foyers primaires de diversité des espèces du genre *Manihot*, situés entre le 31° de latitude Nord (Sud Arizona) et le 40° de latitude Sud (Nord Argentine) sont : l'Amérique centrale, la Colombie et le Venezuela, le Nord-Est du Brésil, le Plateau central brésilien et le Paraguay, le Sud-Brésil et la Bolivie (Gulick *et al.*, 1983 ; Byrne, 1984).

Le genre *Manihot* est constitué d'espèces pérennes, héliophiles, à distribution sporadique, cantonnées aux régions semi-arides ou aux régions humides. Elles sont pour la plupart sensibles au gel et ne se rencontrent qu'à une altitude inférieure à 2 000 m. Le manioc comprend plus de 200 espèces apparentées. Plus de 30 espèces présentent des caractères d'intérêt pour l'amélioration du manioc (tableau 10).

▶ Diversité génétique chez *M. esculenta*

La diversification du genre *Manihot* est issue de transformations provoquées par les changements bioclimatiques survenus au cours du quaternaire, les migrations humaines à l'époque précolombienne et les fréquentes hybridations. Trois processus ont contribué à cette évolution : l'hybridation interspécifique, la polyploïdie et l'apomixie (phénomène conduisant à la formation de graines à partir des cellules de l'ovule non fécondé). L'hybridation interspécifique a assuré la variabilité génétique nécessaire pour la spéciation initiale. La polyploïdie a

Tableau 10. Espèces du genre *Manihot* pouvant intervenir dans l'amélioration du manioc (Lefèvre, 1988).

Espèce	Tubéri-sation	Teneur en protéines	Teneur en acide cyanhydrique (HCN)	Autres caractères
M. aesculifolia (HBK) Pohl	+			Adaptation aux sols pauvres
M. alutacea Rogers et Appan	x		+	Espèce d'altitude, adaptation aux faibles températures, résistance à la toxicité des sols
M. anisophylla (Gris) Müll.Arg.				Résistance au froid
M. angustiloba (Torrey) Müll.Arg.	+			Adaptation à la sécheresse
M. anomala Pohl	+	x	+	Adaptation aux zones humides
M. caerulescens Pohl	+	x	+	Adaptation aux zones tropicales semi-arides et aux sols sableux
M. catingae Ule				Résistance à la mosaïque africaine
M. davisiae Croizat				Adaptation à la sécheresse
M. dichotoma Ule				Résistance à la mosaïque africaine et à la maladie des stries brunes
M. falcata Rogers et Appan	+			Faible développement végétatif, adaptation aux sols bien drainés
M. fruticulosa (Pax) Rogers et Appan	+			Faible développement végétatif
M. glaziovii Müll.Arg.	x		+	Résistance à la mosaïque africaine et à la bactériose vasculaire
M. gracilis Pohl	+	+ +	x	Faible développement végétatif
M. grahami Hooker				Résistance au froid

Espèce				Caractéristiques
M. longepetiolata Pohl	+			Types nains
M. nana Müll.Arg.			+	Types nains
M. neusana Nassar	x			Résistance au froid et aux insectes
M. oligantha Pax	+	++	x	Faible développement végétatif, adaptation à la sécheresse
M. paviaefolia Pohl	+	x	v	Faible développement végétatif, adaptation aux sols pauvres
M. peltata Pohl	x		+	Résistance à la toxicité des sols
M. pentaphylla Pohl	x			Faible développement végétatif, adaptation aux sols riches en calcium
M. pringlet Watson			xx	
M. procumbens Muell×Arg	x		+	Faible développement végétatif, résistance à la toxicité des sols, adaptation aux sols pauvres
M. pruinosa Pohl	+	v	--	Adaptation aux sols pauvres
M. pusilla Pohl	x		v	Types nains
M. reptans Pax	x		+	Adaptation à tous types de sols
M. rubricaulis I.M. Johnson	+			Tolérance au froid et à la sécheresse
M. stipularis Pax	x		v	Types nains, résistance à la toxicité des sols et au froid
M. tomentosa Pohl	x		++	Résistance à la sécheresse
M. tripartita (Sprengel) Muell-Arg	+	x	v	Résistance à la sécheresse, résistance aux maladies
M. tristis Müll.Arg. (subsp. *saxicola*)	x	+	+	
M. zehntneri Ule	+	x	v	Adaptation à tout type de sol

+ présence ou forte teneur ; x absence ou faible teneur ; v teneur variable, non connu permis de restaurer la fertilité des hybrides stériles. Le rôle de l'apomixie a été de maintenir et de perpétuer des hybrides stériles adaptés à certains environnements.

Dix-neuf espèces de *Manihot* possèdent des structures génomiques à 2 n = 36 chromosomes (tableau 11). L'étude de la forme des chromosomes chez le manioc conduit à l'hypothèse d'une origine polyploïde pour plusieurs raisons :
– le nombre de bases n = 18 est élevé pour une Euphorbiaceae (n < 11 dans les autres genres de la même famille) ;
– le manioc présente 3 chromosomes nucléolaires au lieu de 1 ou 2 chez les espèces diploïdes ;
– le lot haploïde comprend 6 types chromosomiques dupliqués ;
– la régularité de la méiose observée chez la plupart des cultivars de manioc indiquerait une origine allo-polyploïde.

D'autres travaux montrent que le nombre de chromosomes de base de *M. esculenta* est X = 9 tout comme les autres espèces du genre *Manihot*. En effet, l'étude cytologique de la méiose de *M. esculenta* et de quelques espèces sauvages apparentées, en particulier, *M. anomala*, *M. zehntneri*, *M. gracilis* et *M. oligantha*, indiquait la formation de 18 bivalents chez chacune d'elles, ce qui montre l'état tétraploïde de ces espèces.

Croisements interspécifiques

De nombreux hybrides interspécifiques ont été obtenus à la suite de croisements entre le manioc cultivé et des espèces sauvages apparentées. Les taux de réussite des croisements dépendent des clones de *M. esculenta* utilisés comme géniteurs. En général, ils sont élevés lorsque *M. esculenta* est utilisé comme géniteur femelle (Lefèvre, 1988). Les croisements interspécifiques permettent souvent de renforcer la résistance des hybrides vis-à-vis des viroses et d'autres parasites.

Des hybridations de *M. esculenta* avec *M. glaziovii* sont fréquentes et ont réussi en Inde, en Indonésie, à Madagascar, en Afrique orientale et occidentale. La fertilité augmente au fur et à mesure des recroisements avec *M. esculenta*. Le nombre de graines obtenues par fleur pollinisée passe de 0,07 à la génération F1 à 0,40 pour certains *backcross* de 1re génération, et à 0,80 ou 1,00 pour certains *backcross* de 3e génération.

Tableau 11. Espèces du genre *Manihot* à 2 n = 36 chromosomes
(Lefèvre, 1988).

Espèce	Référence
M. anomala	Nassar, 1978
M. caerulescens Pohl	Nassar, 1979
M. dichotoma Ule	Nassar, 1978
M. esculenta Crantz	Magoon *et al.*, 1969
M. glaziovii Müll.Arg.	Krishnan *et al.*, 1970
M. gracilis Pohl	Nassar, 1978
M. grahami Hooker	Nassar, 1978
M. handroana N.D. Cruz	Nassar, 1978
M. jolyana N.D. Cruz	Nassar, 1978
M. nana Müll.Arg.	Nassar, 1978
M. oligantha Pax	Nassar, 1978
M. pilosa Pohl	Nassar, 1978
M. pohlii Wawra	Nassar *et al.*, 1986
M. procumbens Müll.Arg.	Nassar, 1979
M. pseudoglaziovii Pax et K. Hoffmann	Nassar *et al.*, 1986
M. stipularis Pax	Nassar, 1979
M. tomentosa Pohl	Nassar, 1978
M. tripartita (Sprengel) Müll.Arg.	Nassar, 1978
M. zehntneri Ule	Nassar, 1978

Les croisements de *M. esculenta* avec *M. tristis* subsp. *saxicola*, réalisés à
Java, ont donné des taux de réussite supérieurs à la plupart des combi-
naisons intraspécifiques. Ces taux peuvent atteindre 0,83 à la génération F1. Ceux réalisés entre *M. esculenta* et *M. dichotoma* en Tanzanie
ont fait apparaître une stérilité totale de la plupart des hybrides F1.

Au Brésil, des taux de réussite élevés de croisement de *M. esculenta*
avec *M. oligantha* (0,80), *M. zehntneri* (0,35), *M. gracilis* (0,33) et
M. anomala (0,16) ont été obtenus. Les taux de réussite enregistrés
contribuent à mieux orienter les croisements interspécifiques.

Cultivars de manioc

Le manioc comprend un grand nombre de cultivars. Ceux-ci se
distinguent par la morphologie et la coloration de certains organes

tels que les feuilles, les pétioles, la tige et les racines tubérisées. Ils se distinguent aussi par le port de la plante, la durée du cycle, le rendement, l'aptitude à la transformation (temps de cuisson, teneur en matiere sèche, taux de fibre,..) et le goût.

Les paysans emploient de nombreuses synonymies et homonymies pour les clones de manioc utilisés. La dénomination des cultivars repose sur des critères géographiques, linguistiques, politiques, botaniques et agronomiques. Quelquefois, plusieurs cultivars sont connus sous le même nom ou un même cultivar est appelé différemment au sein même d'une région. Les cultivars traditionnels sont cultivés depuis longtemps en milieu paysan et y sont adaptés. Ils sont souvent peu productifs et sensibles aux maladies et aux ravageurs. Le rendement du manioc dans les systèmes traditionnels est généralement faible et se situe en deçà de 15 t/ha. Parfois, des variétés traditionnelles bénéficient d'une amélioration d'un caractère donné tel que la résistance à un pathogène tout en conservant les propriétés technologiques. Par exemple, le cultivar TME 419, originaire du Togo, a été amélioré par l'IITA pour lui conférer les gènes de résistance aux viroses. Il est très productif et diffusé par l'IITA.

Les variétés améliorées sont créées dans des instituts de recherche pour améliorer la performance des caractères d'intérêt agronomique et technologique. Un des problèmes majeurs de l'adoption de variétés améliorées est généralement leur faible adaptation aux goûts des consommateurs ainsi qu'aux méthodes traditionnelles de transformation. Elles sont néanmoins proposées à la vulgarisation après avoir été testées en station et en milieu paysan pendant plusieurs années.

▌ Classification par marqueurs morphologiques, enzymatiques et moléculaires

La classification des accessions découle de leur caractérisation en utilisant des marqueurs morphologiques, agronomiques et moléculaires. Les caractérisations par ces marqueurs permettent parfois de déceler les doublons et de définir des groupes d'accessions (ou collections) ayant le maximum possible de traits génétiques ou morphologiques en commun. Elles permettent ainsi d'expliquer en partie la diversité génétique au sein du germoplasme. La collection ainsi caractérisée a un double avantage, à savoir, la conservation à coût réduit et la possibilité pour le sélectionneur de choisir un ou plusieurs groupes de clones selon ses critères de sélection.

La caractérisation agro-morphologique tient compte des caractères observés au champ tels que la couleur et la forme des organes (tige, pétiole, feuilles, racines tubérisées, etc.), la résistance aux maladies et ravageurs, le rendement et le taux de matière sèche des racines tubérisées. Les descripteurs morphologiques et agronomiques proposés par l'IITA pour la caractérisation du manioc font référence (Fukuda *et al.*, 2010).

La caractérisation morphologique des accessions de manioc conservées en collection a permis d'obtenir les résultats suivants :
– 340 accessions sont regroupées en 8 classes représentées dans un dendrogramme selon 14 caractères morphologiques spécifiés par 35 modalités en Côte d'Ivoire ;
– 19 sections et en 4 groupes avec 228 échantillons selon des caractères quantitatifs de l'appareil aérien et des caractères qualitatifs des racines, de la tige et des feuilles ;
– 8 sections sur la base des descripteurs qualitatifs des racines, des rameaux, des feuilles et des fleurs à Madagascar.

La caractérisation enzymatique procède d'une migration des isozymes selon leurs polarités et leurs tailles par électrophorèse. Les enzymes les plus utilisées dans la biologie végétale sont la peroxydase, les estérases, la peptidase, la déshydrogénase, la phosphatase acide et la phospho-glucose-isomérase. Cette méthode n'est cependant pratiquement plus utilisée au profit des méthodes moléculaires.

La caractérisation moléculaire est basée sur l'utilisation des chromosomes, des gènes et de l'ADN (acide désoxyribonucléique). Elle constitue une voie complémentaire et affinée de discrimination des accessions car elle permet de :
– révéler les différences entre les variétés au niveau de l'ADN ;
– couvrir l'ensemble du génome ;
– s'affranchir des effets environnementaux externes (maladies, ravageurs, pluie, sol, etc.).

Les types de marqueurs moléculaires utilisés sont : RFLP (Polymorphisme de longueur des fragments de restriction, basé sur l'hybridation de l'ADN) ; RAPD (Amplification aléatoire d'ADN polymorphe) ; SSR (Répétitions de séquences simples) ; AFLP (Polymorphisme de longueur des fragments amplifiés) ; SNP (Polymorphismes mono-nucléotidiques), basés sur la méthode PCR (Amplification en chaîne par polymérase). Les méthodes basées sur les séquençages par utilisation des SNP (*single-nucleotide polymorphism*) sont maintenant pratiquées à grande échelle et remplacent couramment les techniques précédentes (Ferguson *et al.*, 2012). Ces outils moléculaires permettent de mieux évaluer et de mieux exploiter la diversité des cultivars en milieu paysan.

Morphologie

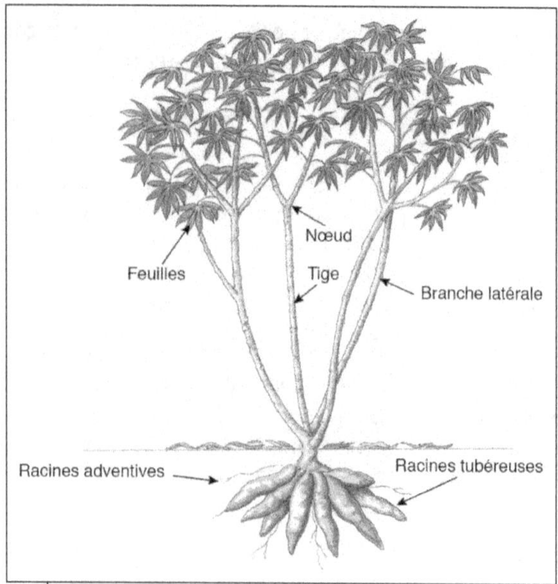

Figure 8.
Les différentes parties d'un plant de manioc.

▶ Parties souterraines

Le système racinaire d'une plante de manioc est constitué de deux types de racines : les racines nourricières et les racines tubérisées. Les racines nourricières se développent d'abord de manière traçante puis plus ou moins verticalement à des profondeurs d'environ 1 m. Elles absorbent l'eau et les éléments minéraux du sol. Grâce à son système racinaire très développé, le manioc peut exploiter des éléments nutritifs difficilement accessibles aux autres cultures.

Les racines tubérisées proviennent d'un processus de grossissement des racines traçantes. Ce sont des organes d'accumulation des hydrates de

carbone (sous forme d'amidon) élaborés par les feuilles au cours de la photosynthèse. Les racines tubérisées sont physiologiquement inactives et ne peuvent dès lors pas servir de matériel végétal de plantation. La coupe transversale d'une racine tubérisée permet de distinguer, de l'extérieur vers l'intérieur, les trois parties suivantes (photos 1 et 2, cahier couleur) :
– l'épiderme qui est l'écorce externe, fine et de couleur brune ou blanche ;
– le phelloderme qui est l'écorce interne de couleur rose, blanche ou jaunâtre ;
– le parenchyme amylacé ou chair de couleur blanche, jaune ou orange.

▷ Parties aériennes : tige, feuille et organes reproducteurs

La tige est constituée d'une succession d'entre-nœuds disposés de manière linéaire ou en ligne brisée. Les nœuds sont le point d'insertion des feuilles et abritent les bourgeons. À l'âge adulte, les parties aoûtées de la tige présentent plusieurs types de colorations (noirâtre, orange, jaunâtre, grise) qui peuvent aussi être un critère d'identification des clones de manioc. Le port de la plante est défini selon le mode de ramification. Celle-ci est souvent de type trichotomique et est influencée principalement par la génétique du clone et l'environnement. Par exemple, la ramification peut être retardée si le sol est moins fertile ou s'il y a un déficit hydrique. Selon la densité de la ramification, la plante présente les ports étalé (ramification précoce et dense), semi-étalé et érigé (photos 3 et 4, cahier couleur). Une forte ramification permet de limiter l'enherbement, donc de réduire le nombre de sarclages au cours du cycle du clone concerné. Par voie de conséquence, le coût de la production peut être réduit. Cependant les clones ayant une forte ramification ne sont pas adaptés à des associations avec d'autres cultures. Les clones de plants à port érigé peuvent en revanche être facilement associés à d'autres cultures.

Les feuilles sont simples, alternes et caduques. Elles sont constituées de limbes mesurant de 10 à 20 cm de long et sont rattachées à la tige par des pétioles qui mesurent de 1 à 30 cm. Les limbes sont multilobés (3 à 9 lobes). Les pétioles ont une coloration verte, rouge ou bicolore. Les jeunes feuilles sont glabres ou pubescentes et de couleur verte, pourpre ou violette (photo 5, cahier couleur).

Les plus âgées ont une coloration verte plus ou moins foncée. La floraison est fréquente et régulière chez certains cultivars, et rare, voire inexistante chez d'autres. Les fleurs, en grappe, apparaissent au point de ramification de la tige. Elles comprennent en général 80 à 120 fleurs mâles et 4 à 10 fleurs femelles. Les fleurs mâles sont disposées au sommet tandis que les fleurs femelles sont disposées à la base d'une même inflorescence (photo 6, cahier couleur). Les fleurs femelles s'ouvrent environ une semaine avant les fleurs mâles. Après la pollinisation et la fécondation, l'ovaire se développe en un jeune fruit qui arrive à maturité 70 à 90 jours plus tard. Le fruit est une capsule globulaire renfermant trois endocarpes ligneux (photo 7, cahier couleur). Chaque endocarpe contient trois lobes d'une graine. Lorsque le fruit est sec, l'endocarpe éclate et libère la graine. Le fruit contient au maximum trois graines.

Biologie

◗ Croissance et développement d'un plant issu de bouture

Les plants issus de bouturage sont identiques génétiquement et morphologiquement aux pieds-mères. Les performances agronomiques et technologiques sont maintenues d'une génération à une autre si la production se déroule dans les conditions pédoclimatiques identiques. Les contraintes sont, entre autres, le risque de transmission de parasites par les boutures, le faible taux de multiplication et le coût de transport des boutures.

Les stades de croissance et de développement de la plante de manioc multipliée par bouturage sont les suivants (figure 9) :
– phase de reprise des boutures (3 à 6 jours). Les boutures plantées donnent les racines, puis les bourgeons apparaissent et donneront les tiges ;
– phase d'installation (1 à 2 mois). Les racines s'étendent horizontalement, puis plus ou moins verticalement, la plante utilise les réserves de la bouture ;
– phase du développement aérien (3 à 4 mois après plantation). On observe la croissance rapide de la tige et du feuillage qui permettra à la plante de synthétiser les réserves glucidiques qui seront stockées dans les racines tubérisées ;

– phase de développement des racines tubérisées (à partir du 5e mois). Le feuillage est constitué ; le gonflement des racines tubérisées s'accélère pour atteindre l'optimum entre 9 et 12 mois (ou plus) après plantation.

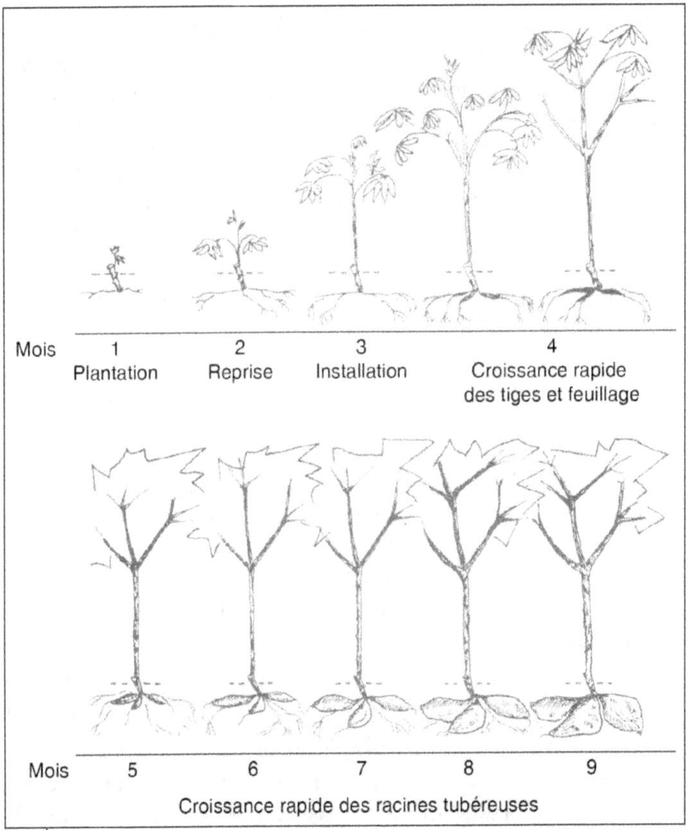

Figure 9.
Développement de la plante de manioc (Silvestre, 1987).

Equilibre entre le feuillage et le stockage d'amidon dans les racines tubérisées : le stockage est maximal lorsque le feuillage présente une dimension optimale. Si les feuilles et les branches sont très développées, une partie trop importante de matière sèche synthétisée reste dans la partie aérienne ; si les feuilles ne sont pas suffisamment développées, il n'y aura pas assez de matière sèche produite.

Variation de la teneur en matière sèche : la teneur en matière sèche du manioc varie de 15 à 47 % selon les cultivars. Elle varie aussi en fonction de l'environnement : pendant la saison sèche, la teneur en amidon dans les racines tubérisées est forte, mais elle devient plus faible lorsque les pluies reprennent car la plante utilise une partie de l'amidon des racines pour la synthèse de nouvelles feuilles et de branches. L'amplitude de variation est également sous la dépendance de la génétique de la plante et dans certaines conditions cette variation peut être très faible.

Croissance et développement d'un plant issu de graine

Les plants issus de graines sont génétiquement différents des géniteurs ou des plantes-mères car il y a eu, lors de la fécondation de la fleur femelle, un mélange entre les caractères paternels et maternels. À l'inverse, les plants issus de bouturage sont génétiquement et morphologiquement identiques à leurs parents. Chaque plant issu de graine présente une racine pivotante, qui est absente chez le plant issu de bouturage, et donne naissance à une seule tige qui peut se ramifier au cours de la croissance. En dehors de ces différences génétiques et morphologiques, les plants issus de graines et les plants issus de boutures ont des similitudes dans la croissance et le développement. Une fois semée dans les conditions de culture adéquates, la graine viable peut lever 15 jours après semis. Les graines de manioc sont orthodoxes dans leur nature et peuvent être conservées dans les conditions classiques de faible température et de faible humidité. Leur conservation peut atteindre sept ans à 5 °C et 60 % d'humidité relative sans perte de pouvoir germinatif.

La reproduction sexuée (reproduction par graine) est pratiquée dans les programmes d'amélioration des plantes pour accroître la variabilité génétique et améliorer des caractères d'intérêt agronomique et technologique. Elle est aussi parfois pratiquée par les producteurs en Amérique et en Afrique. Les paysans amérindiens, par exemple, incorporent régulièrement, dans leurs cultures, des plantes issues de graines de manioc. Ces graines ont la propriété de pouvoir rester en « dormance » plusieurs décennies enfouies dans le sol. Elles germent lorsque les conditions redeviennent favorables. Les Amérindiens laissent pousser les plantes issues de graines au sein des populations de boutures plantées puis sélectionnent les plus vigoureuses et les plus productives, et les incorporent alors dans le stock de clones à chaque génération. La reproduction végétative seule conduit à l'appauvrissement génétique des populations domestiquées, et à la perte de leurs capacités d'adaptation aux changements environnementaux comme une sécheresse ou l'arrivée d'un nouveau pathogène. Aussi, il est nécessaire et bénéfique de passer périodiquement par la reproduction sexuée, donc par les graines, afin de créer un brassage génétique qui permette l'adaptation à ces changements. Les pratiques des paysans amériendiens sont un bon exemple de savoir-faire paysan qui permet cette adaptation continuelle.

La propagation du manioc par graine pourrait aussi contribuer à réduire l'incidence des viroses car les virus qui sévissent sur le manioc ne sont pas transmissibles par la graine alors que la transmission par boutures est très fréquente. Par ailleurs, la reproduction par graines accroît le taux de multiplication et facilite le transport du matériel végétal pour les plantations. Le rendement potentiel en racines tubérisées des plants issus de graines n'est pas significativement différent de celui de plants issus de bouturage. Mais le stockage des graines en conditions paysannes et surtout le brassage génétique à chaque génération rendent leur usage difficile en pratique.

Production et répartition de la matière sèche

La production de matière sèche du plant de manioc atteint un maximum de 10 à 12,5 g/pied/jour après 5 à 6 mois. Ces valeurs représentent un rythme de croissance végétale de 70 à 87,5 g/pied/semaine. Avec une bonne insolation, le rythme de croissance peut atteindre une valeur supérieure à 120 g, voire 140 g/pied/semaine, par exemple en situation d'insolation importante et de jours longs. L'indice foliaire optimal semble se situer entre 3 et 5 mois.

Le rendement en racines tubérisées est déterminé par la production et la répartition de la matière sèche entre les diverses parties de la plante. Le développement des racines tubérisées et des pousses intervenant simultanément, l'offre de matières élaborées est partagée entre ces deux parties. La répartition de la matière sèche entre les différents organes de la plante subit de nombreux changements en cours de cycle. Ainsi, la quantité de matière sèche acheminée vers les racines tubérisées, insignifiante dans les premiers mois, peut représenter jusqu'à 80 % de la production quotidienne en fin de cycle.

Amélioration variétale

▌ Principes

L'amélioration variétale du manioc vise à proposer aux producteurs des variétés performantes par rapport aux principaux critères de sélection que sont le rendement élevé, la résistance aux maladies et ravageurs, la forte teneur en matière sèche des racines, la faible teneur en acide cyanhydrique ainsi que tout autre critère ayant une importance locale. La proposition de plusieurs variétés aux producteurs découle du fait que la probabilité de créer une seule variété renfermant à la fois tous ces critères est très faible.

La sélection sans reproduction sexuée (ou sélection massale) consiste à choisir, dans un ensemble de variétés évaluées dans un même environnement, des génotypes qui répondent aux préoccupations des demandeurs et peuvent servir comme géniteurs. La sélection avec reproduction sexuée (ou création variétale) s'impose pour répondre aux préoccupations d'amélioration des performances agronomiques recherchées par les producteurs et les autres utilisateurs. Elle peut se faire selon deux voies que sont la voie de sélection classique et la voie biotechnologique.

La sélection classique est conduite au champ et intègre plusieurs schémas de sélection qui diffèrent dans les étapes intermédiaires susceptibles de raccourcir ou d'allonger le processus. En général, des croisements, contrôlés ou libres, sont réalisés entre géniteurs choisis préalablement. Des milliers de graines issues de ces croisements sont semées. À partir de la première année de semis, commence une série de sélections qui aboutit au choix d'un ou de plusieurs nouveaux clones à vulgariser ou à préserver dans la collection.

L'amélioration variétale par la biotechnologie, fondée sur des manipulations du génie génétique en laboratoire, apparaît comme un complément à la sélection classique. L'application de cette technologie permet :
– de produire des plantes saines par culture *in vitro* de méristème, d'embryon, d'anthère, de tissu ou d'organe, de produire des plantes saines ;
– de sauver des embryons qui auraient avorté *in vivo* ;
– de produire des plantes haploïdes dont le stock chromosomique peut être doublé pour obtenir des plantes homozygotes ;

– de produire des variants, c'est-à-dire des plantes génétiquement identiques mais morphologiquement différentes ;
– de transférer un ou plusieurs gènes d'intérêt à une plante en utilisant *Agrobacterium* (bactérie), le canon à particules ou l'électroporation ;
– de raccourcir le cycle de sélection en ayant recours à la sélection assistée par marqueurs moléculaires ;
– de conserver le germoplasme.

▌ Exemples de schémas d'amélioration du manioc

Les travaux de sélection réalisés au sein du germoplasme font entrevoir plusieurs étapes qui sont intégrées dans un schéma d'amélioration du manioc par voie classique (figure 10). Selon les critères de sélection définis (rendement, résistance aux maladies et ravageurs, teneur en matière sèche, etc.), les géniteurs sont choisis après évaluation (1ʳᵉ année) des variétés améliorées et des cultivars conservés dans la collection. Au stade de floraison des géniteurs, des croisements, contrôlés ou libres, sont réalisés (2ᵉ année). Les graines issues de ces hybridations sont récoltées puis semées en ligne. Celles-ci constituent des familles de plein-frères (si les géniteurs mâles et femelles sont connus) ou de demi-frères (si un géniteur, en général femelle, est connu). Puis plusieurs étapes, parmi lesquelles les essais préliminaires (3ᵉ et 4ᵉ années), les essais comparatifs de rendement (5ᵉ année) et les essais multilocaux (6ᵉ année), sont mises en œuvre jusqu'aux tests en milieu réel (7ᵉ année) sur une période cumulée de sept ans. Les variétés sélectionnées en stations sont testées en milieu réel où elles sont soumises aux pratiques culturales paysannes. Celles qui expriment les meilleures potentialités agronomiques et technologiques sont multipliées et mises à la disposition des services de vulgarisation pour leur diffusion.

À l'IITA, les étapes de sélection sont les suivantes : essai d'évaluation de *seedlings*, essai d'évaluation clonale, essai de rendement préliminaire, essai de rendement avancé, essai de rendement uniforme, expérimentation en milieu paysan, multiplication et vulgarisation de la variété (en général par l'intermédiaire du comité de vulgarisation). À chaque étape, des critères de sélection sont préétablis (figure 11). Ces étapes sont conduites en station de recherche et en milieu paysan.

Actuellement, les schémas d'amélioration sont en cours de modification afin de raccourcir la durée du cycle de sélection. Au CIAT par exemple, à l'étape de l'essai d'évaluation clonale, des répétitions sont introduites. Les observations et mesures portent, entre autres, sur l'indice de récolte, la résistance et la tolérance aux maladies, le rendement en racines tubérisées fraîches, le poids des racines tubérisées, le nombre de racines tubérisées «commerciales» et le taux de matière

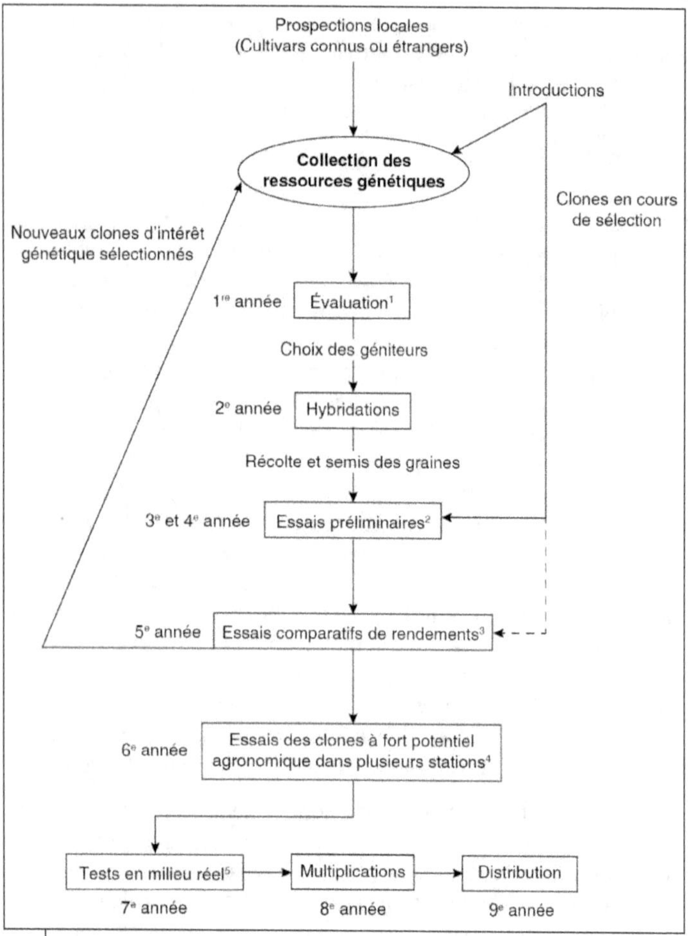

Figure 10.

Schéma d'amélioration variétale du manioc par la voie classique au CNRA de Côte d'Ivoire (NZué, 2007).

Critères évalués à chaque étape de sélection : 1. Rendement, résistance aux maladies et ravageurs, matière sèche, cuisson et goût ; 2. Vigueur végétative, résistance aux maladies et ravageurs, morphologie des racines tubéreuses ; 3. Résistance aux maladies et ravageurs, rendement et qualité des racines tubéreuses ; 4. Résistance aux maladies et ravageurs, rendement et qualité des racines tubéreuses ; 5. Rendement et adaptation socio-économique.

sèche des racines tubérisées. En Ouganda, le *National Crops Resources Research Institute* (NaCRRI) a modifié le schéma de sélection classique de l'IITA en réduisant la durée du cycle à cinq ans. À l'étape de l'essai préliminaire de rendement, l'essai a été conduit dans plusieurs sites avec le nombre de clones variant d'un site à un autre. Les producteurs sont invités à l'évaluation et à la sélection de clones prometteurs. L'essai de rendement uniforme est réalisé sur plusieurs sites avec des répétitions par site et un nombre de clones variables selon les sites, les producteurs sont aussi conviés à l'évaluation et à la sélection. Les clones performants sélectionnés sur chaque site sont multipliés en milieu paysan.

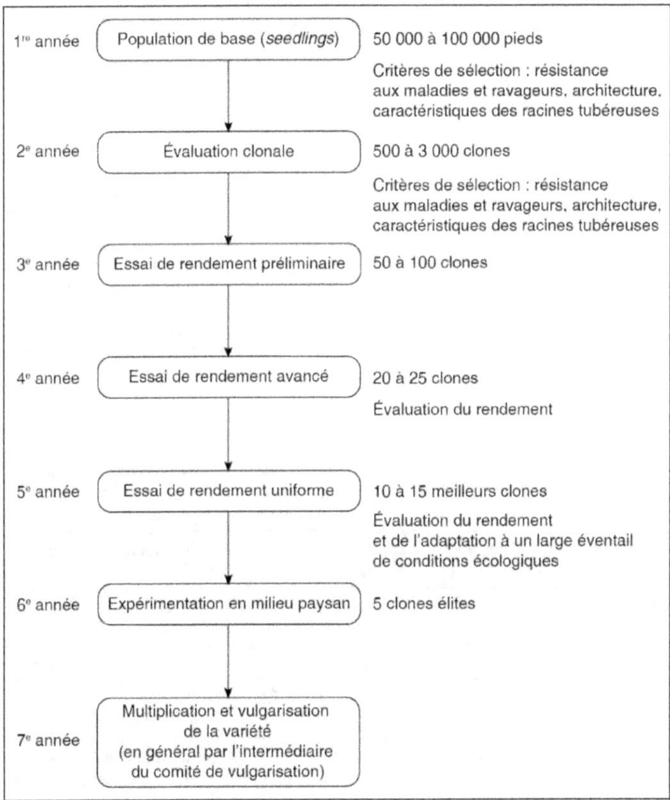

Figure 11.
Schéma d'amélioration variétale du manioc par voie classique à l'IITA (d'après Hahn et Asiedu, 1990).

▐ Exemples de variétés améliorées

Les variétés améliorées sont présentées avec des caractéristiques agronomiques et technologiques avant leur diffusion. En général, les caractéristiques sont axées sur le rendement, la résistance et la tolérance aux maladies et ravageurs, le taux de matière sèche des racines tuberisées, le goût, les utilisations dans les ménages ou dans l'industrie (tableau 12).

Tableau 12. Caractéristiques de quelques variétés de manioc améliorées par des instituts de recherche.

Nom (code)	Nom usuel	Origine	Rendement en racines fraîches	Autres paramètres
CM489-1	-	CIAT	59,6 t/ha	31,6 % de matière sèche
CM1335-4	-	CIAT	51,6 t/ha	39,3 % de matière sèche
-	Rayong 2	Thaïlande	Élevé	Riche en provitamine A, faible teneur en acide cyanhydrique
-	Rayong 5	Thaïlande	Élevé	Tolérant à la sécheresse
TMS-I982132	UMUCASS 42	IITA	Élevé	Taux de matière sèche élevé, bonne qualité de farine, teneur moyenne en provitamine A
TMS-I011206	UMUCASS 43	IITA	Élevé	Taux de matière sèche élevé, bonne qualité de farine, teneur moyenne en provitamine A
98/0581	Bocou5	IITA	40 t/ha	40 % de matière sèche, bonne adaptation aux écologies, polyvalent
-	Jari	Embrapa (Brésil)	Élevé	Teneur en provitamine A : 9 ppm
NR07/0220	UMUCASS 44	IITA/NRCRI (Nigeria)	Élevé	Teneur en provitamine A : 10 ppm
KU50	-	CIAT	Élevé	Forte teneur en amidon
TME419	-	IITA	Élevé	Forte teneur en amidon, polyvalent
TME7	Oko iyawo	IITA	Élevé	Taux de matière sèche élevé, bonne adaptation à différents milieux, polyvalent

Élevé = rendement supérieur à 35 t/ha de racines fraîches.
Les variétés ne peuvent pas être comparées entre elles puisqu'elles ont été évaluées dans des environnements différents.

D'autres caractères d'intérêt nutritionnel sont de plus en plus pris en compte dans la sélection. Il s'agit de rechercher des variétés de manioc biofortifiées, c'est-à-dire, riches en provitamine A. Selon les travaux de l'OMS (1995), la déficience en vitamine A constitue un problème majeur de santé publique dans 37 pays du monde où le manioc constitue un aliment de base. Un régime alimentaire pauvre en vitamine A peut exposer les populations, entre autres, à la cécité, à des maladies de peau, à un arrêt de croissance chez les jeunes, à des infections respiratoires et à des troubles digestifs. En 1997, Iglesias *et al.* indiquaient que la consommation de 150 g de racines tubérisées de variétés à forte teneur en carotène (ou provitamine A) de 2 mg/100 g de racines pouvaient combler les besoins en vitamines – selon l'OMS (1995), ces besoins sont de l'ordre de 3 mg/j. La plus forte teneur en provitamine A recherchée dans les variétés de manioc biofortifiées est de l'ordre de 15 ppm ou 15 mg/kg de poids frais. Cependant la provitamine A se conserve mal à la chaleur et à la lumière et sa biodisponibilité réelle en bout de chaîne alimentaire n'est pas garantie même en cas d'utilisation de variétés biofortifiées.

Tableau 13. Liste alphabétique des taxons du genre *Manihot* cités.

Manihot acuminatissima Müll.Arg.(Euphorbiaceae)
Manihot aesculifolia (HBK) Pohl (Euphorbiaceae)
Manihot aipi Pohl (Euphorbiaceae)
Manihot alutacea Rogers et Appan (Euphorbiaceae)
Manihot amsophylla (Crisebach) Müll.Arg. (Euphorbiaceae)
Manihot angustiloba (Torrey) Müll.Arg. (Euphorbiaceae)
Manihot anomala Pohl (Euphorbiaceae)
Manihot caerulescens Pohl (Euphorbiaceae)
Manihot catingae Ule (Euphorbiaceae)
Manihot davisiae Croizat (Euphorbiaceae)
Manihot dichotoma Ule (Euphorbiaceae)
Manihot dulcis Pax (Euphorbiaceae)
Manihot esculenta (Euphorbiaceae)
Manihot falcata Rogers et Appan (Euphorbiaceae)
Manihot flexuosa Pax (Euphorbiaceae)
Manihot fruticulosa (Pax) Rogers et Appan (Euphorbiaceae)
Manihot glaziovii Müll.Arg. (Euphorbiaceae)

Tableau 13. Liste alphabétique des taxons du genre *Manihot* cités. (suite)

Manihot gracilis Pohl (Euphorbiaceae)
Manihot grahami Hooker (Euphorbiaceae)
Manihot handroana N.D. Cruz (Euphorbiaceae)
Manihot jolyana N.D. Cruz (Euphorbiaceae)
Manihot longepetiolata Pohl (Euphorbiaceae)
Manihot melanobasis Mueller (Euphorbiaceae)
Manihot nana Müll.Arg.(Euphorbiaceae)
Manihot neusana Nassar (Euphorbiaceae)
Manihot oligantha Pax (Euphorbiaceae)
Manihot paviaefolia Pohl (Euphorbiaceae)
Manihot peltata Pohl (Euphorbiaceae)
Manihot pentaphylla Pohl (Euphorbiaceae)
Manihot pilosa Pohl (Euphorbiaceae)
Manihot pohlii Wawra (Euphorbiaceae)
Manihot pseudoglaziovii Pax et K. Hoffmann (Euphorbiaceae)
Manihot pringlet Watson (Euphorbiaceae)
Manihot procumbens Müll.Arg.(Euphorbiaceae)
Manihot pruinosa Pohl (Euphorbiaceae)
Manihot pusilla Pohl (Euphorbiaceae)
Manihot reptans Pax (Euphorbiaceae)
Manihot rubricaulis I.M. Johnson (Euphorbiaceae)
Manihot stipularis Pax (Euphorbiaceae)
Manihot tomentosa Pohl (Euphorbiaceae)
Manihot tripartita (Sprengel) Müll.Arg. (Euphorbiaceae)
Manihot tristis Müll.Arg. (subs saxicola) (Euphorbiaceae)
Manihot utilissima Pohl (Euphorbiaceae)
Manihot zehntneri Ule (Euphorbiaceae)

3. Les contraintes du milieu naturel : climat et sol

Le manioc, plante cultivée dans les zones tropicales humides, fait preuve d'une grande plasticité quant aux conditions environnementales en supportant, beaucoup mieux que d'autres cultures, des sols dégradés et des périodes de sécheresse. On le rencontre entre les latitudes 30 Nord et Sud, les conditions les plus favorables se rencontrant jusqu'au 15ᵉ parallèle, en zone équatoriale où il peut être cultivé jusqu'à 2000 m d'altitude. À des latitudes plus élevées sa culture n'est possible qu'à des altitudes plus basses. Ainsi à Madagascar, le manioc ne peut être valablement cultivé au-dessus de 1400 m, en raison de températures plus froides.

Le climat

Températures et insolation

Le manioc trouve des conditions optimales de croissance entre 25 et 30 °C mais peut supporter des extrêmes de 10 à 12 °C pour les basses températures et jusqu'à plus de 40 °C pour les plus hautes. Le gel lui est fatal. Quand la température descend temporairement en dessous de 10 °C les parties aériennes dépérissent pour repartir ensuite quand les conditions redeviennent plus favorables. Des températures basses provoquent un allongement du cycle et de la durée de vie des feuilles ainsi qu'une diminution du nombre de feuilles par plante. Au-dessus de 25 °C, une feuille atteint son développement maximal en deux semaines avec une durée de vie de 120 jours alors qu'à plus basse température (15 à 18 °C) elle peut atteindre plus de 200 jours. La vitesse de germination des boutures est également influencée par la température avec un maximum autour de 30 °C. Elle décroît au-dessus de 37 °C. On observe des différences variétales, certains cultivars se comportant mieux que d'autres à des températures plus fraîches. C'est le cas notamment des cultivars à fort développement aérien en conditions favorables, qui sont plus à même de supporter la diminution de leur développement foliaire quand la température moyenne décroît, comme c'est le cas en zone d'altitude.

Le manioc est une plante héliophile et de jours courts. En condition de faible éclairement, la production de feuilles ralentit, la longueur des entre-nœuds s'allonge et la croissance des racines diminue. Un ombrage, même limité, entraîne une réduction importante du poids de matière sèche dans les racines tubérisées. Avec 20 % d'ombrage, le rendement diminue de plus de 40 % ; avec 50 % d'ombrage, il chute de 60 %.

Le photopériodisme a une influence différenciée selon les parties de la plante considérées. Des jours courts (10 à 12 h) favorisent la croissance des racines, alors que les jours longs stimulent le développement des parties aériennes au détriment des organes souterrains. On a également observé que l'allongement de la durée du jour favorise la ramification qui est, au moins chez certains cultivars, positivement corrélée avec la floraison.

Il est maintenant bien établi que le manioc a une photosynthèse de type C3 et non pas intermédiaire C3-C4 (Angelov *et al.*, 1993) comme cela avait été un temps considéré. La photosynthèse est maximale entre 25 et 35 °C et diminue en dehors de cet intervalle. À 20 et 40 °C, elle n'atteint plus que 80 % de son maximum (El Sharkawy *et al.*, 1984).

▌ Les besoins en eau

Les conditions de culture

Une pluviométrie annuelle entre 1 000 et 2 000 mm avec une bonne répartition est considérée comme satisfaisante pour la croissance du manioc. La plante bénéficie d'une tolérance relativement forte aux stress hydriques mais tout manque d'eau se traduit par une limitation de la croissance et, en conséquence, par une réduction de la synthèse de l'amidon dont la qualité peut être plus ou moins affectée en fonction de la sévérité du stress et de l'âge de la plante. Si le stress hydrique se produit en période juvénile, le développement de la plante est freiné mais reprend normalement dès que l'alimentation en eau redevient suffisante. Si le stress a lieu sur des plantes plus âgées, en phase d'accumulation racinaire, le rendement en amidon des racines est affecté et n'est pas compensé.

En cas de sécheresse sévère, le rendement en racines peut être plus ou moins affecté en fonction de l'intensité du stress hydrique et de l'âge de la plante. La période la plus critique est située entre le deuxième et le cinquième mois après plantation. Ainsi, un déficit marqué durant deux mois pendant cette période peut conduire à des pertes de rendement entre 30 et 60 % selon les conditions et avec des différences variétales notables.

Une plante résistante à la sécheresse

La plupart des plantes répondent au stress hydrique (déficit hydrique du sol ou forte demande d'évapotranspiration en cas d'air sec) en réduisant leur surface foliaire par une fermeture des stomates, ce qui stoppe la transpiration foliaire mais également l'activité photosynthétique, donc la croissance. Le manioc possède différents mécanismes physiologiques en réaction à ces stress qui lui permettent de faire preuve d'une résilience supérieure à la plupart des autres plantes cultivées en cas de conditions défavorables. Ainsi dans les zones avec des pluies intermittentes et de longues périodes de sécheresse, le manioc produit malgré tout un rendement correct si l'entretien de la culture, notamment le désherbage, est assuré et si le sol est doté d'une bonne capacité de rétention en eau.

Quatre mécanismes principaux, différents mais convergents, expliquent cette aptitude à faire face aux stress hydriques (El Sharkawy, 2007).

1. Une bonne capacité des feuilles à fixer le gaz carbonique (CO_2) permet de maintenir une activité photosynthétique élevée même en période de stress hydrique. On a ainsi pu mesurer que, même en cas de sécheresse prolongée, l'accumulation de matière sèche peut atteindre 80 % de celle observée en conditions optimales.

2. La capacité des feuilles à ne fermer que partiellement leurs stomates réduit les pertes en eau par transpiration sans pour autant stopper la photosynthèse comme c'est le cas chez la plupart des plantes en cas de manque d'eau. La croissance et la capacité à accumuler de la matière sèche est ainsi préservée, au moins en partie, même en cas de stress hydrique sévère.

3. La capacité à réduire la surface foliaire globale se traduit par la chute des feuilles les plus âgées et par la formation de nouvelles feuilles plus petites qui interceptent moins de lumière. Bien que le rendement en racines soit affecté (mais beaucoup moins que la réduction de la croissance des parties aériennes), la plante peut retrouver une croissance élevée lorsque l'eau est de nouveau disponible, en produisant rapidement une nouvelle canopée grâce à une activité photosynthétique beaucoup plus élevée que celle des plantes non stressées.

4. La fonction de pompe hydraulique du système racinaire absorbant est très efficace, car les racines ont la capacité de se développer rapidement

en profondeur (au-delà de 2 m) en période de sécheresse et de remonter l'eau dans les horizons supérieurs (0 à 40 cm). La symbiose des racines avec des réseaux (hyphes) de champignons mycorhiziens (vésiculaires-arbusculaires) semble jouer un rôle déterminant dans ces propriétés qui sont d'une importance primordiale dans les environnements à saison sèche marquée, où l'eau profondément stockée doit être exploitée.

La compréhension de ces mécanismes et leur utilisation sont importantes pour adapter la sélection et la création variétale aux environnements présentant des risques de déficience hydrique et permettre un phénotypage (sélection sur le comportement dans un environnement donné) plus efficace de cultivars performants pour ces différentes fonctions (activité photosynthétique, capacité d'extraction hydrique des racines, réduction foliaire et stomatique). La sélection de variétés mieux adaptées à des épisodes de sécheresse prolongée associés à des températures élevées est en effet cruciale pour l'avenir de cette culture, car ces conditions pourraient être aggravées par les changements climatiques que prédisent les climatologues dans les régions tropicales.

▌▶ L'altitude

Le manioc est majoritairement cultivé dans les zones de faible altitude. En Afrique, à peine 20 % des surfaces se trouvent en zone d'altitude, principalement sur les hautes terres d'Afrique orientale (zone des Grands Lacs, Angola). En Amérique latine, le manioc se rencontre en altitude dans la zone andine (Pérou, Équateur, Colombie) et en Amérique centrale sur des pentes qui peuvent être fortes. Au sud du Brésil, le manioc est souvent cultivé en plaine en systèmes mécanisés qui peuvent engendrer, même sur des pentes faibles (< 10 %), des phénomènes d'érosion importants. En Asie, l'essentiel de la culture se trouve en dessous de 1000 m d'altitude dans des zones relativement plates. Cependant, dans certaines régions (Nord du Vietnam, Chine du Sud), on trouve des cultures sur des pentes très fortes (jusqu'à 50 %) avec de forts problèmes d'érosion.

Le sol et les conditions édaphiques

Le manioc a souvent l'image d'« une culture des sols pauvres et qui les appauvrit encore plus ». Il est exact que cette plante peut donner une production suffisamment motivante pour les paysans, là où d'autres cultures – notamment les céréales – auraient des rendements nuls ou

décourageants. Pour cela, elle est aussi souvent perçue comme une culture ayant une forte capacité d'extraction des éléments minéraux, épuisant les sols où, après elle, rien ne pousse. Contrairement à ce qu'on pensait il y a quelques années, cette capacité à extraire des éléments minéraux est peu liée au développement de son système racinaire dont, en réalité, seule une faible portion atteint les horizons profonds, essentiellement pour une fonction d'alimentation hydrique. L'alimentation minérale, notamment en ce qui concerne le phosphore, reposerait sur des associations symbiotiques avec des champignons (endomycorhizes). Néanmoins, la culture de manioc répond aussi très bien aux conditions de bonne fertilité avec des rendements qui peuvent dépasser les 60 t/ha dans des sols riches ou avec une fertilisation suffisante.

Le manioc est relativement plastique quant aux conditions édaphiques. On le rencontre sur pratiquement tous types de sols, ferralitiques, ferrugineux, alluvionnaires ou tourbeux. En revanche, il est sensible aux sols hydromorphes et supporte mal l'excès d'eau dans le sol.

Le manioc est considéré comme tolérant aux sols acides (jusqu'à pH 4) ou légèrement basique, avec une préférence pour des sols faiblement acides (pH 5,5). Il supporte relativement bien des teneurs élevées en aluminium échangeable (jusqu'à 85 % de saturation). La texture du sol doit de préférence être assez légère pour faciliter l'arrachage des racines. Les conditions les plus favorables étant des sols profonds sablo-limoneux ou sablo-argileux.

La pauvreté chimique des sols reste la contrainte majeure de la culture dans beaucoup de situations agricoles notamment chez les petits agriculteurs qui constituent l'immense majorité des producteurs et cultivent souvent les sols les moins favorables. La plupart des éléments nutritifs (nutriments) sont stockés dans les feuilles et les tiges et assez peu dans les racines elles-mêmes. Après la récolte, les parties aériennes sont en grande partie restituées au sol, contribuant ainsi à maintenir le niveau de fertilité.

Absorption et exportation des éléments chimiques

L'absorption des éléments chimiques (azote, phosphore et surtout potassium) dépend de la vitesse de croissance, elle-même fonction du climat, des conditions de sols, du rendement et de la variété. Les teneurs en nutriments varient fortement entre les différentes parties de la plante et au cours du cycle.

Globalement, les teneurs en nutriments dans la plante sont faibles quand le rendement en racines est faible, et inversement sont élevées quand la production par plante est forte. Les teneurs en éléments minéraux en bonnes conditions de fertilité du sol sont présentées dans le tableau 14. Cependant, les prélèvements par la plante les plus forts ne sont pas toujours corrélés aux rendements les plus élevés.

Tableau 14. Teneur en principaux éléments minéraux (en % de matière sèche) en bonnes conditions de fertilité du sol (d'après Silvestre et Arraudeau, 1983).

Organe	N (% MS)	P (% MS)	K (% MS)	Ca (% MS)
Feuille jeune	3,84	0,23	0,80	0,45
Feuille âgée	2,48	0,18	0,72	0,81
Pétiole de feuille jeune	1,68	0,17	1,04	1,13
Pétiole de feuille âgée	1,40	0,08	1,15	1,02
Phelloderme de la tige	1,12	0,06	1,81	0,85
Bois de la tige	0,76	0,07	0,40	traces
Écorce des racines	0,86	0,04	0,61	0,30
Cœur des racines	0,47	0,06	0,73	0,13

Au fur et à mesure que la plante croît, les teneurs en azote, phosphore et potassse decroissent dans les feuilles (limbe et petiole) et s'accroissent dans les tiges et les racines. On observe parfois des «consommations de luxe» en sol très fertile notamment pour le potassium (tableau 15).

Les exportations de nutriments (ordre de grandeur) pour une production de 20 tonnes de racines fraîches sont de : 50 kg d'azote (N), 7,5 kg de phosphore (17 kg de P_2O_5), 55 kg de potassium (66 kg de K_2O), 9 kg de calcium (Ca) et 5 kg de magnésium (Mg).

Pour la même récolte, si la plante entière est prélevée, ces valeurs seraient respectivement de 134 kg d'azote, 15 kg de phosphore (34 kg de P_2O_5), 98 kg de potassium (118 kg de K_2O), 55 kg de calcium et 17 kg de magnésium. L'exportation des racines seules prélève surtout de l'azote et de la potasse (tableau 16). Le prélèvement des feuilles et des tiges (cas des parcs à bois pour la production de bouture) accroît les prélèvements en azote et calcium. Au champ, une grande partie des feuilles tombe en cours de végétation et leurs éléments minéraux sont resitués au sol.

Tableau 15. Production de matière sèche et exportation de nutriments (en kg/ha) du sol par partie de la plante avec et sans engrais (étude au Minas Gerais, Brésil, 1982). (FAO, http://www.fao.org/docrep/007/y2413e/y2413e08.htm).

Niveau de fertilisation	Organe	Production de matière sèche (kg/ha)	Exportations des nutriments (kg/ha)									
			N	P	K	Ca	Mg	B	Cu	Mn	Zn	Fe
Sans engrais	Racine	4 409	51	2,1	20	6	3	0,021	0,012	0,08	0,12	1,84
	Tige	3 034	48	1,8	16	39	8	0,043	0,031	0,26	0,05	0,21
	Feuille	1 139	45	2,1	14	19	3	0,027	0,009	0,39	0,06	1,55
	Plante entière	8 582	144	6,0	50	64	14	0,091	0,052	0,73	0,23	3,60
Avec engrais : 130N - 10P - 80K - 15 Ca - 12 Mg	Racine	11 440	130	9,3	80	15	12	0,210	0,020	0,24	0,21	6,75
	Tige	7 164	119	6,7	43	81	15	0,036	0,072	1,55	0,08	1,02
	Feuille	1 537	91	6,5	13	13	6	0,051	0,011	0,48	0,17	0,15
	Plante entière	20 241	340	22,5	136	109	33	0,297	0,103	2,27	0,46	7,92

Tableau 16. Exportations des éléments majeurs par la récolte des racines fraîches.

Élément minéral	Exportations en éléments minéraux (kg/tonne de racines fraîches récoltées)	
	Racine seule	Plante entière
Azote (N)	2,50	6,70
Phosphore (P_2O_5)	0,37/0,84	0,75/1,72
Potassium (K_2O)	2,75/3,0	4,90/5,90
Calcium (Ca)	0,45	2,78
Magnésium (Mg)	0,25	0,87

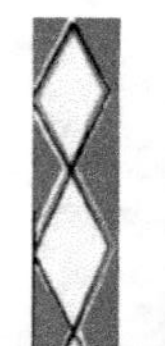

Carences et toxicité

Comme toutes les plantes, le manioc peut être affecté par différentes carences du sol en certains éléments minéraux ou au contraire par des toxicités dues à un excès de ces mêmes éléments (photos 8 à 14, cahier couleur).

Symptômes caractéristiques de carences

Azote

Une carence en azote se traduit par une forte réduction de la taille des plantes. Les symptômes sur les feuilles sont souvent peu prononcés, avec des feuilles vert pâle présentant un léger jaunissement des extrémités des pétioles. Chez certains cultivars, on peut cependant observer un jaunissement complet des pétioles commençant par la face inférieure. La carence en azote est fréquente sur sol à texture légère et à faible teneur en matière organique.

Phosphore

Une carence en phosphore se traduit par une réduction de la taille des plantes et un amincissement des tiges (photo 8, cahier couleur). Les folioles sont petites et les tiges grêles. Les feuilles sont vert foncé. Si la carence est forte, les feuilles basses peuvent devenir jaune voire orangé, flasques avec des nécroses, et tomber facilement, faisant disparaître tout symptôme reconnaissable.

Potassium

Une carence en potassium se traduit par une réduction de la taille des plantes et de la largeur des folioles, et une diminution du nombre de folioles (photo 9, cahier couleur). En condition de carence forte, des taches pourpres apparaissent sur les feuilles. Les limbes jaunissent avec brunissement des extrémités. Les feuilles, pétioles et tiges présentent des nécroses.

Soufre

Une carence en soufre se traduit par une décoloration tournant au jaunissement généralisé des feuilles supérieures. Elle est rarement observée au champ.

Calcium

Une carence en calcium se traduit par une réduction de la taille des racines. Les limbes des feuilles supérieures sont petits et déformés. Cette carence est rare en conditions de culture. Des réponses à l'apport

de chaux ont été observées en sol acide, à forte teneur en aluminium échangeable et très pauvre en calcium.

Magnésium

Une carence en magnésium se traduit par un jaunissement des espaces internervaires, les zones proches des nervures restant vertes (photos 10a et 10b, cahier couleur). Les symptômes apparaissent d'abord sur les feuilles inférieures puis progressent vers le haut de la plante.

Manganèse

Une carence en manganèse se traduit par un jaunissement des espaces internervaires qui peut s'étendre à toute la feuille si la carence est sévère. La croissance de la plante et des jeunes feuilles est réduite, mais sans déformation. Des symptômes similaires à ceux de la carence en magnésium apparaissent plutôt sur la partie moyenne des plantes. On rencontre ce type de carence soit en sol calcaire à pH élevé soit au contraire sur sol acide traité avec un excès de chaux.

Zinc

Une carence en zinc se manifeste par des points chlorotiques sur les jeunes feuilles, entre les nervures qui peuvent se rejoindre pour donner des zones entièrement jaunes à l'exception de la bande proche de la nervure qui reste verte (photo 11, cahier couleur). En cas de carence sévère, des zones chlorotiques plus étendues apparaissent et sont accompagnées de la déformation des marges et des extrémités des limbes. Elle peut être confondue avec les attaques de thrips. Cette carence est relativement fréquente sur le manioc, aussi bien sur sol acide que sur sol basique.

Fer

Une carence en fer se traduit par une chlorose généralisée des feuilles supérieures qui peuvent devenir blanches en conditions sévères. La taille des plantes et des jeunes feuilles est réduite. Cette carence est assez fréquente sur sol calcaire. Elle est observée à l'emplacement d'anciennes termitières où on relève de fortes concentrations en Ca, Mg et K et un pH élevé. La carence en fer peut aussi être provoquée par un chaulage et un apport excessif de phosphore en sol sableux.

Bore

Une carence en bore se traduit par un arrêt de la croissance de la plante avec raccourcissement des entre-nœuds et des pétioles, les jeunes limbes sont petits et déformés. Des taches violacées apparaissent sur les limbes plus âgés. Cette carence est peu fréquente en conditions de culture.

Symptômes caractéristiques de toxicité

Aluminium

La toxicité en aluminium se traduit par la réduction des parties aériennes et des racines. Les symptômes sont souvent peu flagrants. En condition sévère, on observe le jaunissement des espaces internervaires. Le manioc est considéré comme très tolérant à l'aluminium du sol, mais des phénomènes de toxicité sont observés dans des sols très acides (pH < 4,5) pour des taux de saturation en aluminium de + 85 % (par rapport à la capacité d'échange cationique). Le CIAT en Colombie a sélectionné des cultivars qui restent productifs sur des sols à pH 4,3 et à forte concentration en aluminium échangeable.

Bore

La toxicité en bore se traduit par de petites nécroses aux extrémités et sur les marges des feuilles âgées. Ces symptômes ont été observés uniquement en cas d'apports élevés en bore. Ils disparaissent généralement après quelque temps.

Manganèse

La toxicité en manganèse se traduit par le jaunissement des feuilles âgées avec des taches brun-noir le long des nervures (photo 12, cahier couleur). Les limbes se flétrissent et tombent.

Sodium

Les symptômes de la toxicité en sodium sont caractérisés par un jaunissement uniforme des feuilles supérieures, s'étendant rapidement sur la plante entière (photo 13, cahier couleur). En condition de toxicité forte, les feuilles se nécrosent et tombent, la croissance s'arrête jusqu'à parfois la mort de la plante. Les problèmes liés à la salinité apparaissent pour des pH supérieurs à 7,9, une conductivité > 0,5 μS/cm et une saturation du sol en sodium (par rapport à la CEC – capacité d'échange cationique) supérieure à 2,5 %. De plus, les pH élevés induisent des carences en oligo-éléments, en particulier en zinc (Zn).

Si le manioc est assez tolérant aux sols acides, il supporte mal les sols alcalins ou salins. Il est plus sensible à ces situations que le maïs, le sorgho ou le riz. Dans la réalité, on observe assez rarement cette toxicité car le manioc est peu cultivé sur sol alcalin-salin, les agriculteurs sachant qu'il n'est pas adapté à ces conditions souvent associées à un mauvais drainage. On rencontre parfois cette toxicité sur les efflorescences salines dans certaines zones côtières ou dans les vallées à faible pluviométrie. Quand cela est possible, les problèmes de salinité des sols peuvent être contrés par l'inondation des parcelles, l'amélioration du drainage et l'application de soufre et de gypse (sulfate di-hydrate de calcium de formule $CaSO_4 \cdot 2H_2O$). Cependant, comme il existe des différences marquées entre cultivars quant à la tolérance au sel, la solution la plus opérationnelle est d'utiliser des cultivars tolérants, combinée éventuellement à l'application d'oligo-éléments.

Tableau 17. Concentration en nutriments dans le limbe des feuilles les plus jeunes complètement développées (soit 3-4 mois après plantation) dans différentes situations nutritionnelles (d'après Howeler, 2012).

	Concentration en nutriments (par rapport à la matière sèche) selon le statut nutritionnel				
	Déficit élevé	Déficit modéré	Correct	Élevé	Toxicité
Rendement observé (racines fraîches) en % du rendement maximum	**< 40**	**40-90**	**90-100**	**100-90**	**< 90**
Azote (N) %	< 4,0	4,1-4,8	4,8-5,89	> 5,8	
Phosphore (P) %	< 0,25	0,25-0,36	0,36-0,50	> 0,50	-
Potassium (K) %	< 0,85	0,85-1,26	1,26-1,88	1,88-2,40	> 2,40
Calcium (Ca) %	< 0,25	0,25-0,41	0,41-0,72	0,72-0,88	> 0,88
Soufre (S) %	< 0,20	0,20- 0,27	0,27-0,36	>0,36	-
Magnésium (Mg) %	< 0,15	0,15-0,22	0,22-0,29	> 0,30	
Fer (Fe) ppm	< 100	100-110	120-140	140- 200	> 200
Manganèse (Mn) ppm	< 30	30-40	40-150	150-250	> 250
Zinc (Zn) ppm	< 25	25-32	33-60	60-120	> 120
Bore (B) ppm	< 7	7-15	15-30	30-64	> 65
Cuivre (Cu) ppm	< 1,5	1,5-5,0	5,0-10,0	10-15	> 15
Aluminium (Al) ppm					100

ppm = partie par million (1 ppm = 1 μg/g) ; 1 % = 10 000 ppm

Importance des désordres nutritionnels

Dans l'ensemble, les symptômes de désordres nutritionnels ne sont pas toujours très apparents chez le manioc pour les macroéléments (NPK). Certaines de ces manifestations peuvent facilement être confondues avec les symptômes causés par d'autres stress comme l'hydromorphie du sol (jaunissement des limbes), l'anthracnose, les attaques d'insectes (nécroses sur les feuilles), la toxicité due aux herbicides (chlorose et nécrose). Les diagnostics demandent donc à être confirmés par des analyses de la plante et des tests de réponse aux apports d'engrais.

Les stress provoqués par les désordres nutritionnels peuvent aussi favoriser indirectement les attaques de pathogènes (champignons, bactéries, nématodes). Ainsi, les sols carencés en potassium favorisent les attaques de champignons pathogènes comme l'anthracnose et le phytophtora.

4. Les bio-agresseurs : maladies et ravageurs

Les maladies et les ravageurs sont illustrés par des photos dans le cahier couleur.

Comme toutes les plantes, le manioc est attaqué par toute une cohorte de bio-agresseurs qui peuvent fortement réduire, sinon anéantir, sa croissance et donc son rendement en racines. Micro-organismes (virus, champignons, bactéries…) et ravageurs (insectes, nématodes…) sont des contraintes d'autant plus importantes que la culture est souvent trop peu rémunératrice pour que l'usage de pesticides soit économiquement envisageable à grande échelle.

Le mode de reproduction végétative par bouture de tige est, par rapport à la reproduction sexuée, un facteur aggravant ces risques, car ce matériel de plantation est susceptible de porter et donc de transmettre nombre de maladies (virose et bactérioses) et parasites (insectes, acariens) beaucoup plus fréquemment que des graines. La longueur du cycle du manioc fait aussi que la probabilité d'une attaque de bio-agresseurs à un moment de la vie de la plante est plus élevée que pour des cultures à cycle court.

Tous ces facteurs font qu'il y a peu de réponses d'ordre chimique disponibles pour contrôler ces bio-agresseurs de façon rentable économiquement. Pour produire de façon durable du manioc sain, il est essentiel de respecter un ensemble de bonnes pratiques agricoles combinant le choix des parcelles, la rotation de culture, des mesures prophylactiques (élimination au champ de plantes infectées notamment), des variétés appropriées et, ce qui est très important, l'utilisation de boutures saines indemnes de parasites et de maladies. Les méthodes de lutte biologique ont donné de bons résultats pour contrôler à large échelle certains parasites.

Les maladies dues aux micro-organismes

▯ Les viroses

Les deux maladies virales du manioc qui ont le plus fort impact économique sont la mosaïque du manioc (Cassava Mosaic Disease, CMD) et la mosaïque des stries brunes du manioc (Cassava Brown Streak Virus, CBSV). Ces deux maladies sont transmises à la fois par les boutures et par un insecte vecteur, la mouche blanche ou aleurode (*Bemisia tabaci*), un hémiptère de la famille des Aleyrodidae.

La mosaïque du manioc (*Cassava Mosaic Disease, CMD*)

La mosaïque du manioc a été décrite pour la première fois en 1894 en Tanzanie. Elle est présente dans toute l'Afrique, son incidence la plus importante ayant été notée au Kenya. Elle peut provoquer jusqu'à 90 % de perte chez les variétés les plus sensibles et même 50 % chez les variétés dites tolérantes. Depuis l'année 2000, elle a été décrite en Inde et au Sri Lanka où elle provoque des dégâts aussi importants qu'en Afrique, notamment dans les États du Kerala et du Tamil Nadu. On la rencontre également plus au nord des zones de production principales comme l'Andhra-Pradesh et le Karnataka.

Les symptômes se manifestent par une déformation et une forte décoloration des feuilles sous forme de panachure et une réduction significative de la taille des racines (photo 14, cahier couleur). La mosaïque est endémique en Afrique subsaharienne. Depuis les années 1980, des formes plus virulentes apparaissent en Afrique de l'Est. Parmi celles-ci, la souche ougandaise du virus de la mosaïque est-africaine du manioc (EACMV-UG) est un nouveau geminivirus recombinant apparu dans les années 1990. C'est actuellement la souche la plus sévère du CMD qui s'est répandue depuis l'Ouganda à la faveur notamment des déplacements de populations liés aux conflits en République démocratique du Congo. Son expansion est cartographiée dans la figure 12 qui montre également l'étendue de la zone touchée par les virus causant la CMD (le virus de la mosaïque africaine du manioc, African Cassava Mosaic Virus, ACMV, et le virus de la mosaïque est-africaine du manioc, East African Cassava Mosaic Virus, EACMV). La FAO estime que près de 50 millions de tonnes de manioc sont perdues chaque année en Afrique de l'Est à cause de cette maladie (Patil et Fauquet, 2009).

La maladie des stries brunes du manioc (*Cassava Brown Streak Disease, CBSD*)

La maladie des stries brunes du manioc provoque des dégâts importants dans plusieurs pays d'Afrique de l'Est, les ravages les plus forts s'observant au Mozambique. Elle menace tout le continent africain.

Les symptômes touchent de façon réduite les feuilles (décoloration en mosaïque sur les vieilles feuilles) et les tiges mais endommagent surtout

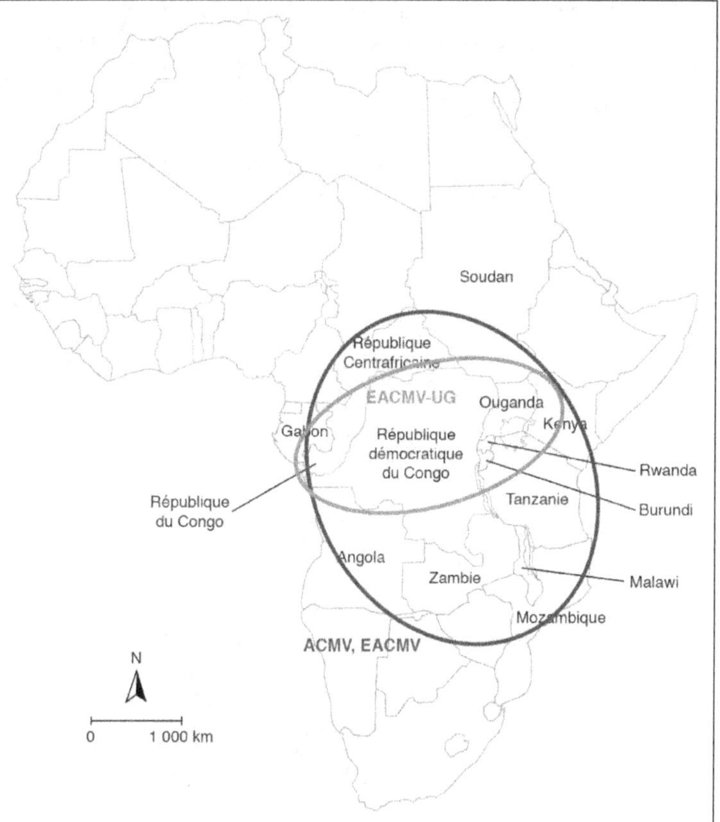

EACMV-UG : souche ougandaise du virus de la mosaïque est-africaine du manioc = cercle gris

CMV : mosaïque du manioc

ACMV : virus de la mosaïque africaine du manioc

EACMV : virus de la mosaïque est-africaine du manioc = cercle noir

Figure 12.
Incidence des formes virulentes de la mosaïque du manioc (CMD)
apparues en Afrique centrale, orientale et australe en 2008 (FAO, 2010).

les racines qui se nécrosent et deviennent inutilisables (photos 15a et 15b, cahier couleur). Le CBSV est difficile à diagnostiquer car les dégâts sur les feuilles et les tiges n'apparaissent que tardivement, ce qui rend difficile l'identification précoce de la maladie sur les parties aériennes. Dans les parcelles atteintes, les pertes peuvent être totales. Jusqu'au début des années 2000, cette maladie, décrite dès l'année 1936, semblait limitée aux zones de basse altitude (< 800 m) de l'Afrique orientale et aux rivages du lac Malawi. Mais, depuis l'année 2004, elle s'est répandue en Ouganda, au Kenya et en Tanzanie, devenant ainsi la principale contrainte à la production de manioc dans la région (figure 13). Le Cameroun, la République centrafricaine et le Nigeria sont fortement menacés par ce fléau (Patil *et al.*, 2015).

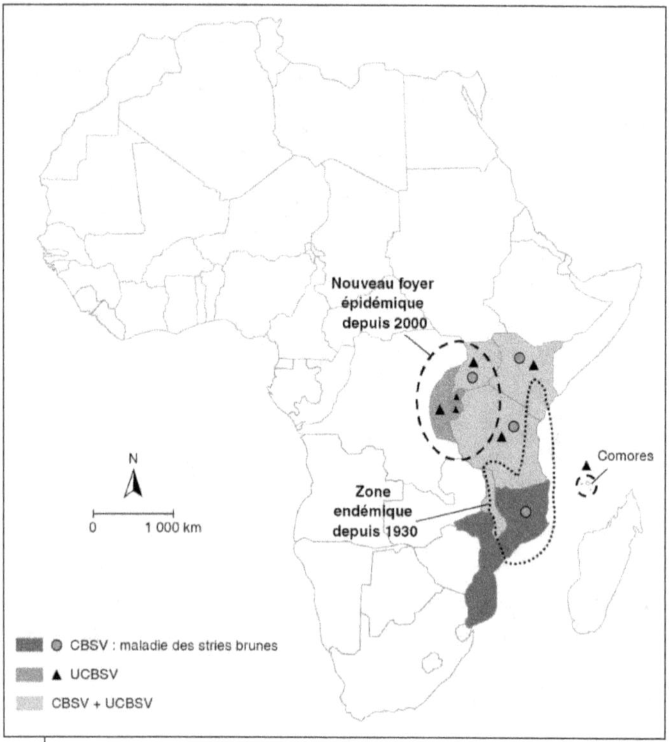

Figure 13.

Propagation de la maladie des stries brunes (CBSV) en Afrique centrale, orientale et australe en 2008 (FAO, 2010).

Les premières avancées décisives sur l'étiologie et la nature de l'agent causal ont commencé à l'Université de Bristol dans les années 1990 à l'aide de techniques moléculaires sur le génome (ARN/ADN) du virus. Elles ont permis d'identifier le CBSV (Cassava Brown Streak Virus) comme étant un ipomovirus de la famille des *Potyviridae*, proche du

Cucumber Vein Yellowing Virus (CVYV). Deux espèces différentes de ce virus ont été identifiées : CBSV et UCBSV. Les deux virus sont présents dans toute la région de l'est de l'Afrique et souvent dans la même plante.

Les autres viroses

Une multitude d'autres virus a été recensée sur le manioc. Parmi eux, on peut citer comme ayant une certaine incidence économique (genre) :
– en Afrique, East African Cassava Cameroon Virus (Begomovirus) ;
– en Amérique latine, Cassava Common Mosaic Virus (Potexvirus), Cassava Vein Mosaic Virus, Cassava American Latent Virus (Nepovirus) ;
– en Asie et région du Pacifique, Indian Cassava Mosaic Virus (Begomovirus), au Sri Lanka, Cassava Mosaic Virus (Begomovirus).

Les stratégies de lutte contre les virus

Il y a deux types de stratégie pour contrôler les virus : la phytosanitation qui consiste à maintenir les plantes indemnes de pathogènes et la sélection de variétés résistantes.

La phytosanitation

La phytosanitation consiste en une série de bonnes pratiques comme l'élimination régulière des plantes malades aux champs et la sélection rigoureuse de plantes saines sur lesquelles seront prélevées les boutures. Si ces techniques sont utiles, elles sont, dans la pratique, difficiles à appliquer rigoureusement à l'échelle d'une région. Un agriculteur exemplaire n'est pas à l'abri d'un risque de ré-infection de ses plants de manioc par les vecteurs (mouches blanches) à partir d'une parcelle voisine infectée. Ces pratiques doivent également être complétées par des mesures de quarantaine rigoureuses entre les États, et même entre les régions, dont les cultures peuvent être infectées par les nouvelles souches virulentes qui apparaissent. Il est malheureusement évident qu'en dépit des efforts que peuvent faire les services de protection des végétaux, aux moyens souvent réduits et discontinus dans les pays du Sud, cette stratégie ne peut à elle seule assurer le contrôle des viroses du manioc.

La sélection de variétés résistantes

La sélection de variétés résistantes est, sur le long terme, une stratégie très efficace pour contenir ces pandémies. En Afrique, les premiers programmes de sélection de variétés résistantes à la mosaïque du manioc (CMD) ont commencé dans les années 1930 en Tanzanie et à Madagascar avec un certain succès. Depuis sa création en 1964, l'IITA, l'un des 15 centres du CGIAR, dont le siège est au Nigeria, développe un programme de création variétale sur le manioc en coopération avec le CIAT, un autre centre du CGIAR localisé en Colombie. Ce programme est maintenant mené en collaboration avec les services des pays africains, notamment au Nigeria, en Ouganda, en Tanzanie et au Kenya.

Les premières variétés résistantes au CMD, créées par l'IITA au Nigeria, ont été des hybrides obtenus avec *M. glaziovii*, une espèce voisine du manioc que l'on trouve au Brésil (pages 29 et 43), ce qui a permis de conférer une résistance multigénique. Certaines de ces variétés résistantes ont été introduites en Ouganda dans les années 1980 et ont formé la base du programme national d'amélioration du manioc. Trois de ces variétés ont été vulgarisées dans les années 1990 sous le nom de Nase 1 (TMS 60142 au catalogue IITA), Nase 2 (TMS 30337) et Nase 3 (TMS 30572). Ces variétés ont montré une bonne tolérance au virus, avec peu ou pas de pertes de rendement, bien qu'après plusieurs cycles certaines plantes montrent des symptômes de la maladie. Ces trois variétés ont été largement adoptées en Ouganda, notamment dans l'est du pays où le manioc est surtout consommé sous forme de farine et où la production reposait essentiellement sur le cultivar local Ebwanateraka, très sensible au CMD.

Les techniques de contrôle du vecteur B. tabacii

Les techniques de contrôle du vecteur (*B. tabacii*), ont été relativement peu étudiées sur le manioc. Il n'existe toujours pas de corrélation nettement démontrée entre l'importance des populations d'aleurodes et l'impact du CMD pour une variété donnée, ni de techniques de contrôle, faciles à mettre en œuvre, de ces vecteurs par ailleurs très mobiles. Cependant, les dommages physiques directs de ces insectes peuvent avoir un impact économique important sur la productivité de ces nouvelles variétés dont certaines semblent être des hôtes favorables à la mouche blanche. Par ailleurs, l'augmentation du nombre de contacts entre vecteurs, virus et plante-hôte augmente le risque d'une rupture de la résistance variétale. Pour répondre à ces menaces, les recherches s'orientent vers la sélection de variétés de manioc résistantes aux aleurodes et le développement de méthodes de lutte biologique pour contrôler le vecteur.

Pour la maladie des stries brunes du manioc (CBSD)

Pour la maladie des stries brunes du manioc (CBSD), les stratégies de lutte passent aussi par l'utilisation de boutures indemnes de symptômes de la maladie et par la diffusion de variétés tolérantes. Forts des succès obtenus avec les croisements interspécifiques pour la résistance au CMD, les programmes de création de variétés résistantes au CBSD ont suivi la même approche sur la base de croisements avec un autre parent proche, en l'occurrence l'espèce *M. melanobasis* Muell. Arg. Les premiers croisements ont été réalisés à partir des années 1950 sur la station de recherche d'Amani dans le nord de la Tanzanie et ont permis d'obtenir des variétés avec de bons niveaux de résistance à la fois pour CMD et CBSD. De nombreuses variétés provenant d'Amani ont été testées à la fin des années 1980 et sont diffusées dans la sous-région, comme le cultivar 46106/27 (Kaleso) au Kenya. Dans le sud de la Tanzanie et au Mozambique, les travaux ont porté sur la sélection de variétés locales tolérantes, comme le cultivar Nanchinyaya en Tanzanie et Muendowaloya, Mulaleia ou Nikwaha au Mozambique.

En résumé

Si la phytosanitation a démontré son efficacité en tant que telle, sa diffusion à large échelle se heurte à deux facteurs limitants :
– l'effort de formation et vulgarisation très important, et donc coûteux, nécessaire ;
– l'identification des tiges indemnes de symptômes reste difficile pour les agriculteurs et même pour les professionnels spécialistes en recherche et développement.

Pour l'avenir, les techniques de transformation génétique offrent de grands espoirs pour la création de variétés à forte résistance. Les virus de la famille *Potyviridae* se prêtent en effet assez bien à l'induction de résistance basée sur l'utilisation des siRNAs (*Gene Silencing*), et il a été clairement démontré que le CBSV et le UCBSV pouvaient être complètement contrôlés (Patil *et al.*, 2011 ; Odipio *et al.*, 2014). Le *Donald Danforth Plant Science Center* (St Louis, États-Unis) conduit des travaux avec ces techniques et espère pouvoir diffuser des variétés transgéniques résistantes à ces différents virus (ACMV, EACMV, CBSV, UCBSV) à partir de l'année 2020.

En attendant, de strictes mesures de quarantaine sont nécessaires pour contrôler les échanges internationaux de matériel végétal et pour éviter la diffusion sur tout le continent africain de ces maladies qui restent encore limitées à certains pays.

▎ Les bactérioses

La bactériose vasculaire *(Cassava Bacterial Blight, CBB)*

La bactériose vasculaire est la maladie bactérienne la plus dommageable sur le manioc. Observée pour la première fois au Brésil en 1912, puis à Madagascar en 1946, elle est présente aujourd'hui dans toutes les zones productrices de manioc du monde et émerge dans de nouvelles régions d'Afrique (Mali, Burkina Faso). Son impact peut être très important, allant jusqu'à une destruction complète de la récolte si les conditions sont propices au développement de la bactérie. La sévérité des attaques est fonction de nombreux facteurs comme le cultivar de manioc, la virulence des souches bactériennes, les conditions climatiques et la fertilité du sol. L'absence de rotation culturale, la pauvreté du sol ainsi que l'utilisation de variétés sensibles couplée à l'absence de contrôle sanitaire favorisent l'apparition et la dissémination de la maladie.

L'agent causal est la bactérie *Xanthomonas axonopodis* pv. (pathovar) *manihotis* or *Xam*. Elle était connue précédemment sous le nom de *X. campestris* pv. *manihotis*. Elle se diffuse au travers du système vasculaire de la plante. Les symptômes caractéristiques sont l'apparition de taches foliaires anguleuses d'aspect humide, de brûlures sur les feuilles, d'exsudats sur les tiges, de nécroses apicales, de flétrissements et de nécroses vasculaires (photos 16 et 17, cahier couleur). Dans les cas les plus graves, on observe une défoliation complète de la plante, laissant un ensemble de rameaux nus appelés communément «la maladie des cierges». Les pertes sont fortement corrélées au nombre de plantes atteintes et à l'état sanitaire des boutures.

La maladie des taches foliaires anguleuses
(Cassava Angular Leaf Spot, CBN)

La maladie des taches foliaires anguleuses est une maladie non systémique provoquée par la bactérie *Xanthomonas cassavae*. Moins répandue que le flétrissement bactérien, elle sévit essentiellement en Afrique de l'Est. Les symptômes sont semblables à ceux de la bactériose vasculaire. Les taches foliaires sont généralement anguleuses et entourées d'un halo chlorotique avec des exsudats jaune brillant en période de forte humidité. Les plantes infectées peuvent se défolier entièrement mais ne présentent jamais de nécrose apicale.

La pourriture bactérienne des tiges, *Cassava Bacterial Stem Rot*

La pourriture bactérienne des tiges du manioc est une autre bactériose qui présente une certaine importance en Amérique latine, notamment en Colombie. L'agent causal est la bactérie *Erwinia carotovora* var. *carotovora* dont le vecteur est la mouche du manioc (*Anastrepha* spp., Diptère - *Tethritidae*). Les symptômes sont d'abord une pourriture interne de la tige et un flétrissement puis un dépérissement des jeunes pousses, une nécrose des extrémités et un développement de chancres sur les parties lignifiées.

La maladie peut être contrôlée par l'utilisation de boutures saines et de variétés de manioc résistantes à l'insecte vecteur. L'utilisation d'insecticides et d'attractifs peut également être utile en complément. Après la récolte, les tiges infectées doivent être brûlées.

Méthodes de contrôle des bactérioses

Une lutte efficace contre ces bactérioses suppose le respect d'un ensemble de bonnes pratiques.

Des variétés résistantes ou tolérantes

L'utilisation de variétés résistantes ou tolérantes reste la méthode la plus efficace et la plus économique pour les agriculteurs. Ainsi, le CIAT a pu identifier en Colombie plus de 100 cultivars de manioc plus ou moins résistants à *Xam* parmi près de 7000 ciblés. Au Bénin, le cultivar TMS 30572 sélectionné à l'IITA combine un rendement élevé et une bonne tolérance au CBB. La résistance semble être associée à la production de composés phénoliques et à l'épaississement des parois cellulaires du système vasculaire lors d'une infection précoce.

Du matériel de plantation sain

L'utilisation de matériel de plantation sain repose d'abord sur l'emploi de boutures prélevées sur des plantes indemnes de bactériose et obtenues, quand cela est possible, à partir de cultures de tissus ou de plants traités par thermothérapie.

Il faut ensuite traiter les boutures par immersion dans :
– une solution de fongicide à base de cuivre durant 10 mn ;
– un extrait de pépins de citron durant environ 15 mn ;
– l'eau chaude à 49 °C durant 49 mn (thermothérapie).

Le respect de pratiques culturales

Le respect de pratiques culturales comprend :
– la plantation en fin de saison des pluies ;
– l'utilisation de boutures saines ;

– la rotation de la culture du manioc, notamment avec des céréales ou des légumineuses ;
– la plantation de rangs de maïs autour des parcelles de manioc pour limiter la diffusion des pathogènes par le vent ;
– une fertilisation renforcée en potassium ;
– l'élimination des plantes infectées ;
– la limitation des mouvements (hommes, animaux, outils) des parcelles infestées vers les parcelles saines ;
– la désinfection des outils avant de changer de parcelle ;
– le brûlage des tiges infectées après récolte ;
– l'incorporation des résidus de récolte dans le sol (sauf s'ils sont infectés).

La lutte biologique

La pulvérisation sur les feuilles de manioc de souche de *Pseudomonas putida*, en solution aqueuse, à une concentration en bactéries de 109 cellules/ml, à raison de 4 fois par mois en saison des pluies, a donné des résultats encourageants au CIAT mais demande encore plus d'investigation.

Les maladies causées par les phytoplasmes

Les phytoplasmes sont des bactéries primitives sans paroi (procaryotes pléiomorphes) qui se multiplient dans le phloème. À leur découverte, ils ont été nommés MLO (*Mycoplasma Like Organism*) en raison de leur ressemblance avec les mycoplasmes. Deux maladies causées par ces organismes ont une importance économique sur le manioc.

La maladie de la peau de grenouille
(Cassava Frogskin Disease, CFSD)

La maladie de la peau de grenouille affecte la production des racines tubérisées et peut entraîner jusqu'à 90 % de pertes de rendement. La maladie a été signalée pour la première fois en 1971, dans le sud de la Colombie mais son origine semble être la région amazonienne. Elle s'est depuis répandue dans pratiquement toute l'Amérique tropicale depuis le Nicaragua jusqu'au Brésil. Elle a été signalée en 2016 au Paraguay (Tellez *et al.,* 2016).

Les symptômes se présentent sous forme de petites fissures longitudinales sur les racines (photo 18, cahier couleur). Lorsque celles-ci grossissent, ces fissures cicatrisent donnant aux blessures une forme de

lèvre. L'épiderme prend l'aspect du liège et se détache facilement. En cas d'infestation importante les racines se déforment complètement.

La maladie se transmet principalement par les boutures infectées mais des insectes, notamment des cicadelles, pourraient aussi avoir un rôle de vecteur. Le contrôle de la maladie se fait par l'utilisation de boutures saines. Les champs avec plus de 10 % de plantes présentant des symptômes de CFSD doivent être brûlés et un système de quarantaine instauré pour éviter l'introduction de matériel végétal depuis les régions infestées.

La maladie du balai de sorcière *(Cassava Witches' Broom, CWB)*

La maladie du balai de sorcière provoque un nanisme des plantes avec un raccourcissement des entrenœuds sur les tiges et une prolifération de bourgeons et de branches rachitiques donnant des touffes denses de feuilles chlorotiques et rabougries qui confèrent à la plante un aspect en balai de sorcière caractéristique, d'où son nom (photo 19, cahier couleur). Les plantes atteintes donnent des racines tubérisées minces et petites avec une peau rugueuse et un taux d'amidon très faible.

Le CWB est largement répandu en Amérique tropicale où cette maladie est connue sous le nom de *superbrotamiento*. Si son incidence globale y est pour l'instant assez faible, les champs infectés peuvent présenter des pertes de production de 80 %. En Asie, la maladie a été signalée depuis l'année 1990 en Thaïlande, et se rencontre maintenant dans pratiquement tous les pays du sud-est asiatique où elle constitue une maladie émergente préoccupante qui pourrait menacer la filière en pleine croissance de l'amidon de manioc car son incidence devrait être favorisée par le changement climatique attendu. Des baisses de rendement jusqu'à 90 % et une diminution de qualité de l'amidon ont été enregistrées (Graziosi *et al.,* 2016).

Les connaissances relatives à cette maladie sont encore très limitées. Si plusieurs souches de phytoplasmes semblent impliquées ainsi que plusieurs insectes vecteurs, son épidémiologie et les méthodes de contrôle doivent encore largement être précisées, travail auquel s'attèlent avec détermination plusieurs centres de recherche en Asie. Pour l'instant, le contrôle du CWB repose essentiellement sur des méthodes culturales (destruction des plantes présentant les symptômes) et prophylactiques (utilisation de boutures provenant de plantes saines, restriction des mouvements de matériel végétal non certifié).

Les maladies fongiques des parties aériennes

Une grande variété de champignons pathogènes peut affecter le manioc; on en recense plus de 250 espèces. Le tableau 18 liste les principaux pathogènes affectant la culture du manioc.

La cercosporiose ou maladie des taches brunes *(Brown Leaf Spot)*

La cercosporiose ou maladie des taches brunes est induite par le champignon *Cercospora henningsii* qui s'attaque à plusieurs espèces de *Manihot*. C'est une des maladies du manioc les plus fréquentes que l'on rencontre sur tous les continents, sa diffusion étant favorisée par les températures élevées (supérieures à 25 °C) en conditions peu humides.

Elle se caractérise par l'apparition de taches, visibles sur les deux faces des feuilles, de couleur brune avec un centre vert-olive et des bords plus foncés (photo 20, cahier couleur). D'abord circulaires (entre 3-12 mm), ces lésions deviennent irrégulières et anguleuses et sont limitées par les nervures principales du limbe. Quand la maladie progresse, les feuilles jaunissent et sèchent avant de tomber. Les attaques sont plus sévères sur les feuilles âgées que sur les jeunes. Les variétés les plus sensibles peuvent présenter une défoliation importante, voire totale, en saison chaude et humide comme on peut l'observer en Inde.

Le contrôle de la maladie se fait par l'utilisation de variétés résistantes, des pratiques culturales adaptées pour limiter l'humidité (comme une plantation en période moins humide) et l'espacement des plantes. L'utilisation de fongicide à base de cuivre en suspension huileuse permet un bon contrôle mais sa rentabilité demande à être vérifiée dans les conditions locales.

La cercosporiose à taches diffuses *(Diffuse Leaf Spot)*

La cercosporiose à taches diffuses se rencontre dans toutes les zones chaudes et humides, en particulier dans le bassin amazonien où elle provoque des défoliations sévères sur les variétés sensibles, surtout en fin de saison des pluies.

Le champignon responsable est *Cercospora vicosae* qui provoque des grosses taches aux bords peu nets, chacune pouvant couvrir plus de 20 % de la surface d'un lobe foliaire. Sur les faces supérieures des feuilles, les taches sont de couleur brune uniforme alors que sur les faces inférieures, elles présentent une coloration centrale grisâtre provoquée par le développement des conidies. Au final, les feuilles deviennent entièrement jaunes, sèchent et tombent.

Tableau 18. Principaux pathogènes affectant la culture du manioc.

Nom du champignon	Nom commun de la maladie (*nom en anglais*)	Partie de la plante attaquée		
		Feuille	**Tige**	**Racine**
Armillariella mellea	Pourriture sèche (*Dry Root Rot*)			x
Botryodiplodia theobromae	*Stem Rot, Root Rot*		x	x
Cercospora henningsii	Maladie des taches brunes (*Brown Leaf Spot*)	x		
Phaeoramularia manihotis (ex *C. caribaea*)	Cercosporiose. à taches blanches (*White Leaf Spot*)	x		
Cercospora vicosae	Cercosporiose à taches diffuses ou brûlure foliaire (*Diffuse Leaf Spot*)	x		
Glomerella manihotis *Colletotrichum gloeosporioides* f sp. *Manihotis*	Anthracnose (*Cassava Anthracnose*)	x	x	
Elsinoe brasiliensis	Maladie de la super élongation du manioc (*SuperElongation Disease*)		x	
Fomes lignosus	Pourritures des racines (*Cottony Cassava Rot / White Thread*)		x	x
Oidium manihotis	Oidium du manioc (*Cassava Ash*)			
Phoma spp. (ex *Phyllosticta*)	Maladie des taches rondes (*Concentric Ring Leaf Spot*)	x	x	
Phytophtora spp. (dont *P. drechsleri et P. erythrospetica*) souvent en association avec *Fusarium* ssp. (dont *F. solani, F. oxysporum*) et *Pythium* spp.	Pourritures molle des racines (*Wet Cassava Root Rot*)			x
Rosellinia spp. (*R.necatrix*)	Pourriture noire (*Black Root Rot*)			x
Uromyces spp.	Rouille du manioc (*Cassava Rust*)	x		
Sclerotium rolfsii	Pourriture à Sclerotium (*Sclerotium Root Rot*)		x	x

Ces symptômes peuvent se confondre avec ceux du flétrissement bactérien (CBB) mais, dans ce dernier cas, les lésions présentent un aspect aqueux.

Les méthodes de contrôle sont les mêmes que pour la cercosporiose à taches brunes (voir ci-dessus).

La cercosporiose à taches blanches *(White Leaf Spot)*

La cercosporiose à taches blanches a une distribution mondiale mais elle concerne les zones humides plus froides que la cercosporiose à taches diffuses.

Elle provoque une défoliation sévère des cultivars sensibles. L'agent causal est *Phaeoramularia manihotis* dont le seul hôte connu est *M. esculenta*. Les symptômes sont des taches de 1 à 7 mm, rondes à angulaires, plus petites que celle provoquées par *C. henningsii*. Leur couleur est normalement blanche, parfois brun-jaune. Les lésions sont déprimées sur les deux faces de la feuille avec une épaisseur moitié moindre qu'au niveau du limbe intact.

Les méthodes de lutte sont les mêmes que pour les deux autres cercosporioses décrites ci-dessus, mais à ce jour, aucun cultivar spécifiquement résistant à cette maladie n'a été identifié.

La maladie des taches rondes *(Concentric Ring Leaf Spot, RLS)*

La maladie des taches rondes se rencontre surtout en Amérique latine mais elle est aussi signalée en Afrique et Asie (Inde, Philippines).

En saison des pluies et par températures fraîches (inférieures à 22 °C), elle peut provoquer des défoliations sévères avec dessèchement des tiges; en zone d'altitude les dégâts peuvent être très importants. Plusieurs champignons, regroupés sous le genre *Phoma* spp. sont responsables de cette maladie; ils étaient précédemment identifiés comme *Phyllosticta* spp. Les symptômes sont de grosses taches brunes (1 à 3 cm) sur le bord des limbes ou le long des nervures, elles présentent au départ des cercles concentriques disparaissant avec le temps pour devenir uniformément brunes.

Il n'y a pas de techniques de lutte spécifiques. Cette maladie peut provoquer des dégâts importants quand les conditions environnementales sont favorables à son développement mais des différences de sensibilité entre cultivars de manioc sont connues.

La maladie de la super élongation *(Super Elongation Disease, SED)*

La maladie de la super élongation est provoquée par le champignon *Elsinoe brasiliensis (Sphaceloma manihoticola* étant la forme asexuée). La maladie est fréquente en Amérique latine où les pertes peuvent atteindre 80 % sur les jeunes plantations sans que les plants de six mois ne soient significativement affectés. Elle n'a pas encore été signalée en Afrique ni en Asie mais le danger qu'elle s'y déclare reste important.

La maladie est caractérisée par une élongation exagérée des tiges, la plante infectée devenant beaucoup plus haute et grêle que les plantes saines. Des chancres en forme de lentille se développent sur les feuilles et les tiges. Les jeunes feuilles s'enroulent sans se développer complètement, avec parfois des petites taches blanches sur le limbe.

L'utilisation de matériel de plantation provenant de plants sains ou de vitroplants assainis permet généralement d'empêcher la diffusion de la maladie. Par précaution, les boutures peuvent être plongées dans une solution fongicide (en Colombie on recommande 10 mn de trempage dans une solution à 4,8 g/l de captafol). En cas de symptômes foliaires, des pulvérisations sur le feuillage peuvent être appliquées (par exemple, difénoconazole comme matière active). La rotation avec des cultures de graminées est préconisée.

L'anthracnose *(Cassava Anthracnose Disease - CAD)*

L'anthracnose est présente dans toutes les zones tropicales, mais c'est dans les régions humides d'Amérique latine qu'elle est la plus commune.

L'agent causal porte plusieurs noms : *Glomerella manihotis, G. cingulata Colletotrichum gloeosporioides* f sp. *manihotis, Gloeosporium manihotis*, noms qui désignent probablement un seul et même champignon pathogène. Les attaques apparaissent généralement en début de saison des pluies et se développent avec l'humidité ambiante. En Amérique latine, l'anthracnose attaque surtout les feuilles alors qu'en Afrique, les dégâts se manifestent plutôt sur les tiges.

Les symptômes caractéristiques sont de petites taches rondes (10 mm) et déprimées à la base des feuilles très similaires aux symptômes de *C. henningssi,* ou des taches déprimées ovales (10-15 mm) sur les tiges et à la base des pétioles qui évoluent ensuite en lésions fibreuses profondes (chancres). Les pétioles atteints finissent par s'affaisser (photo 21, cahier couleur). Les feuilles attaquées se flétrissent puis tombent jusqu'à défoliation complète de la plante et dessèchement des tiges. Les jeunes feuilles qui poussent en début de saison des pluies sont les plus sensibles à la maladie. Les spores du champignon sont dispersées par l'eau et le vent mais aussi par les boutures de manioc. En Afrique, la punaise *Pseudotheraptus devastans* favorise la pénétration du champignon par ses piqûres sur les tiges du manioc.

La seule méthode de contrôle recommandable est la plantation de cultivars résistants. Les meilleurs critères de repérage des cultivars les moins sensibles sont le nombre de chancres par plante, la taille moyenne de ces chancres et la hauteur où les premiers chancres apparaîssent sur la plante.

Les nécroses de tiges *(Stem Necrosis)*

Quand l'air est humide, les boutures de tiges stockées en attente de plantation peuvent être attaquées par deux champignons.

Glomerella cingulata est plutôt présent en Amérique latine, et *Botryodiplodia theobromae* plutôt en Afrique.

La pourriture débute à une extrémité coupée de la bouture, puis pénètre dans toute la section de tige durant le stockage.

L'incidence de ces pathogènes peut être limitée en évitant de prélever les boutures en saison humide et en les stockant dans des locaux secs et bien ventilés.

Les pourritures des racines

Plusieurs formes de pourriture, provoquées par une large gamme d'espèces de champignons pathogènes, peuvent affecter les racines de manioc.

Les pourritures molles des racines *(Wet Root Rot)*

Symptômes

Les pourritures molles des racines apparaissent d'abord sous forme de taches aqueuses à la surface des jeunes racines tubérisées puis tournent au brun (photo 22, cahier couleur). Les racines nourricières sont détruites. En progressant, l'infection provoque un effritement des tissus riches en amidon et dégage une odeur fétide. Le dysfonctionnement racinaire provoque un dépérissement de la plante qui revêt une apparence brûlée. Les feuilles peuvent ne pas tomber, mais la plante se dessèche et meurt. Ces pourritures peuvent causer jusqu'à 80 % de pertes.

Agent causal

Plusieurs espèces de *Phytophtora*, considérées comme des pseudo-champignons, sont responsables de ces pourritures molles, *P. drechsleri* est fréquemment signalé en Amérique alors qu'en Afrique, *P. erythrospetica* semble prédominer. Dans l'État du Tamil Nadu en Inde, *P. palmivora* est considéré comme une menace émergente pour les plantations industrielles avec des pertes qui peuvent atteindre plus de 50 %. Ces *Phytophtora* sont généralement associés à divers champignons telluriques présents dans le sol, tels que *Pythium* spp. et *Fusarium* spp.

Contrôle de la maladie

La principale stratégie pour contrôler la maladie est l'utilisation de variétés résistantes. Le CIAT en Colombie et l'Embrapa au Brésil ont sélectionné des variétés résistantes au *Phytophtora* et à potentiel de rendement élevé.

En complément, le respect de bonnes pratiques agricoles permet de limiter l'incidence de la maladie :
– éviter les conditions de sols hydromorphes en plantant sur sol drainant ou sur billon en cas de sols lourds ;
– faire des rotations de cultures avec des graminées (dès que l'incidence de la pourriture atteint 3 %) ;
– prélever les boutures de manioc pour le cycle suivant sur des parcelles indemnes ;
– apporter une fertilisation potassique par pulvérisation foliaire ;
– en zone infestée, les boutures peuvent être traitées préventivement avant plantation avec une solution de métalaxyl à 3 mg/litre de matière active ;
– pour éviter l'utilisation de produit chimique, les boutures peuvent aussi être traitées par trempage dans l'eau chaude à 49°C durant 49 mn.

Des recherches réalisées au CIAT en Colombie ont montré l'intérêt d'inoculer le sol avec des solutions de *Trichoderma* (par exemple, *T. harzianum* et *T. viride* à 2,5 × 10^8 spores/litre). Les trichodermes sont des champignons ascomycètes saprophytes utilisés couramment en lutte biologique dans les cultures légumières. Ils fonctionnent comme des boucliers protecteurs des systèmes racinaires en empêchant le développement de certaines maladies. Ils pourraient constituer une solution alternative prometteuse dans le cas du manioc.

Pourriture sèche des racines *(Dry Root Rot)*

Agent causal

De nombreux champignons provoquent, soit séparément, soit simultanément, des pourritures sèches sur les racines de manioc. Parmi les plus importants, on peut citer : *Rosellinia* spp. (notamment *R. necatrix*), *Armillariella mellea, Botryodiplodia theobromae.* Cette forme de pourriture se rencontre dans toutes les régions productrices de manioc, plutôt dans les sols lourds, humides et riches en matière organique. Elle est caractéristique des parcelles récemment défrichées et comportant de nombreuses souches d'arbres.

Symptômes

Les plantes atteintes flétrissent mais sans perdre leurs feuilles. À terme, elles se déshydratent et prennent un aspect foncé, comme si elles avaient brûlé. Le champignon produit des rhizomorphes, sorte de réseaux filamenteux de mycélium, qui enveloppent l'extérieur des racines tubérisées de manioc. D'abord blancs, ceux-ci tournent ensuite au noir (*Rosellinia* spp.), d'où le nom de pourriture noire qui leur est parfois donné. Ce mycélium pénètre ensuite dans les tissus des racines en se développant et en creusant des petites cavités pleines de mycélium de couleur blanc cassé. Les tubercules infectés exhalent une odeur caractéristique de bois en décomposition.

Contrôle

Les méthodes de contrôle recommandées sont :
– éviter de prélever les boutures sur des parcelles infestées ;
– faire des rotations de cultures avec des graminées (dès que l'incidence de la pourriture atteint 3 %) ;
– éliminer les résidus de maniocs infestés après la récolte ;
– préférer les sols légers et bien drainés ;
– solariser le sol avant plantation en le laissant au moins 3 mois sans couverture ;
– l'utilisation de produit nématicide à base d'extraits de plantes (par exemple, Sincocin®), en traitement de sol (1 litre/ha) ou par immersion des boutures dans une solution à 1 %, est recommandée par le CIAT.

Les nématodes

Plusieurs dizaines d'espèces de nématodes sont présentes sur le manioc sans que l'on puisse, de façon évidente, leur attribuer à toutes des pertes économiques significatives.

Agent causal et symptômes

Ces organismes attaquent les racines, les rendant plus sensibles aux pourritures racinaires. Le nématode à galles, *Meloidogyne incognita*, constitue un problème particulièrement grave en Afrique. D'autres espèces appartenant au genre *Meloidogyne* ont été signalées sur le manioc dont *M. javanica, M. haplaet* et *M. arenari*. La croissance racinaire des plants infectés est arrêtée par une véritable dévitalisation de l'extrémité de leurs racines. Les nématodes juvéniles et femelles sont endoparasites et occasionnent des gales qui désorganisent le fonctionnement racinaire. Il y a des différences notables entre cultivars de manioc en termes de susceptibilité à ces nématodes.

Le nématode à lésions, *Pratylenchus branchyurus*, le nématode spiralé, *Helicotylenchus erythrinae* et le nématode réniforme, *Rotylenchulus reniformis,* se rencontrent également sur le manioc. Quand les attaques sont sévères, le système racinaire est fortement réduit et les plantes se rabougrissent.

En Afrique, on a observé des pertes de rendement dues aux nématodes allant jusqu'à 50 %, principalement dues à *M. incognita, M. javanica* et *P. branchyurus*. Les dégâts les plus importants s'observent après la récolte, durant le stockage de racines infestées par les nématodes à galles, avec des pertes pouvant atteindre près de 100 %.

Avec l'intensification de la production et l'extension de la monoculture à grande échelle dans certaines régions, comme en Asie du Sud-Est, les nématodes constituent une menace potentielle forte pour la production du manioc.

Lutte contre les nématodes

Le respect de bonnes pratiques culturales est essentiel avec, selon les contextes, des techniques comme :
– les rotations avec des cultures peu sensibles aux nématodes (sorgho, mil, chou, oignon, ail) ;
– l'utilisation de plantes de service nématifuges permet de limiter les infestations ;
– éviter de planter le manioc après des cultures très sensibles notamment aux nématodes à galles (tomate, pomme de terre, tabac, niébé, aubergine, gombo, cotonnier, soja, riz) ;
– l'inondation prolongée de la parcelle favorise l'élimination des nématodes.

Cependant, des différences de sensibilité importantes existant entre variétés, la stratégie de contrôle la plus opérationnelle reste l'identification de cultivars résistants.

Les arthropodes : insectes et acariens

Plus de 200 espèces d'arthropodes s'attaquent, à des degrés divers, au manioc. Très logiquement, une large majorité de ces ravageurs est originaire d'Amérique tropicale d'où provient le manioc. Beaucoup sont spécifiques à la plante et ont surmonté ses défenses biochimiques naturelles (composés cyanogènes, latex).

Schématiquement, on peut classer les ravageurs du manioc en deux groupes :
– ceux qui ont co-évolué avec cette plante qui est leur hôte primaire voire unique ;
– ceux qui sont non spécifiques et s'en nourrissent de façon sporadique ou opportuniste.

Le premier groupe rassemble les acariens du genre *Mononychellus*, les cochenilles farineuses et encroûtantes, les aleurodes, les foreurs de tiges, les thrips, etc. Le second groupe regroupe entre autre les vers blancs, les termites, les criquets (tableau 19).

La cohorte des arthropodes qui attaquent le manioc varie fortement d'un continent à l'autre. Hors de la zone d'origine américaine, les arthropodes autochtones qui se sont adaptés au manioc ne causent généralement que des dégâts modérés. En revanche, lorsque des ravageurs spécifiques sont introduits, en général fortuitement, depuis les régions d'origine dans de nouveaux territoires où la culture du manioc s'est développée, comme en Afrique dès le début du XVIe siècle ou en Asie tropicale au XVIIe siècle, le scénario peut être très différent. Dans ces nouvelles zones d'implantation, les ravageurs nouvellement introduits ne rencontrent souvent au départ que peu de prédateurs et ont en quelque sorte le champ libre pour se répandre de façon invasive, provoquant des dégâts importants. Ceci jusqu'à ce qu'un équilibre naturel s'instaure après un pas de temps plus ou moins long en l'absence de mesure de lutte volontariste.

Un cas emblématique récent de ce phénomène invasif est constitué par la cochenille farineuse *Phenacoccus manihoti*, originaire du Paraguay où elle ne cause pas de dégâts majeurs. Introduite accidentellement en Afrique au début des années 1970, elle s'y est répandue extrêmement

vite en provoquant des dégâts considérables sur les cultures de manioc. Elle a été heureusement contrôlée depuis grâce à un programme international de lutte biologique conduit depuis le Bénin par l'IITA.

Les ravageurs qui s'attaquent au feuillage

Les aleurodes *(Whiteflies)*

Les aleurodes, ordre des hémiptères, famille des Aleyrodidae, appelés aussi improprement mouches blanches, sont probablement les insectes les plus dommageables du manioc à la fois par leur dégâts directs sur le feuillage mais aussi par le fait qu'ils transmettent des virus. En Amérique tropicale, on compte un large ensemble d'espèces d'aleurodes qui attaquent le manioc.

Agent causal

Aleurotrachelus socialis et *Trialeurodes variabilis* provoquent des dégâts importants dans le nord du continent sud-américain (Colombie, Équateur, Venezuela) et dans une partie de l'Amérique centrale, le premier plutôt en zone basse (jusqu'à 1200 m), le second en altitude (au-dessus de 1000 m).

Bemisia tabaci ou aleurode du tabac est un insecte cosmopolite que l'on rencontre dans toutes les régions tropicales et subtropicales à l'état naturel, et en serre dans certaines régions tempérées (photos 23 et 24, cahier couleur). Polyphage, il occasionne des dégâts chez de très nombreuses espèces de plantes potagères et ornementales auxquelles il transmet de nombreux virus pathogènes comme le Tomato Yellow Leaf Curl (TYLC) chez la tomate. Sur le manioc, il est le vecteur de la mosaïque africaine du manioc (ACMD). En Amérique tropicale, l'absence de cette maladie était attribuée à l'incapacité de *B. tabaci* à coloniser localement le manioc. Au début des années 1990, un nouveau biotype (B) de *B. tabaci,* que certains considèrent comme une espèce séparée (*B. argentifolii*), a été découvert sur du manioc et fait peser une forte menace d'expansion de cette maladie en Amérique où la plupart des cultivars sont sensibles à ce virus. Le fait que *B. tabaci* soit déjà l'hôte de plantes très proches du manioc comme le jatropha (Euphorbiaceae) lui-même infecté, notamment en Inde, par des begomovirus proches de la forme indienne du CMB, renforce cette présomption de menace. Par précaution, il serait prudent d'éloigner des zones de production de manioc les grandes plantations de jatropha, qui se développent pour la production de biocarburant.

Tableau 19. Liste des principaux arthropodes ravageurs du manioc.

Type de ravageur (nom en anglais)	Espèces principales	Amérique latine	Afrique	Asie
Acariens (mites)	Mononychellus tanajoa	X	X	
	Oligonychus peruvianus	X		
	Tetranychus urticae	X		X
	Oligonychus gossypii, Tetranychus telarinus T. neocaledonicus T. cinnabarinus	X	X	
Cochenilles farineuses (Mealybugs)	Phenacoccus manihoti	X	X	
	Phenacoccus herreni	X		
	Ferrisia virgate	X	X	X
	Pseudococcus jackbeardsleyi	X		X
Cochenilles farineuses des racines (Root Mealybugs)	Pseudococcus mandioca	X		
	Dysmicoccus spp.	X		
	Protortonia Navesi	X		
	Stictococcus vayssierei		X	
Aleurodes (WhiteFlies)	Aleurotrachelus socialis Trialeurodes variabilis Aleurothrixus aepim	X		
	Bemisia tabaci	X	X	X
	Bemisia tuberculate	X		
Thrips	Retithrips syriacus		X	
	Scirtothrips manihoti	X		
	Corynothrips stenopterus	X		
	Frankliniella williamsi	X	X	
Cochenilles encroûtantes (Scale Insects)	Aonidomytilus albus	X	X	X
	Coccus viridis		X	
	Parasaissetia nigra	X	X	X
	Saissetia Miranda	X	X	X
Tingidés (Lace bugs)	Vatiga illudens	X		
	Vatiga manihotae	X		

Type de ravageur (*nom en anglais*)	Espèces principales	Amérique latine	Afrique	Asie
Tingidés (*Lace bugs*)	*Vatiga lunulata*	x		
	Amblystira machalana	x		
Les sphinx (*hornworms*)	*Erinnyis ello*	x		
	Erinnyis alope	x		
Vers blancs (*White grubs*)	*Leucopholis rorida*	x	x	x
	Phyllophaga spp.	x		
	Aserica spp.; *Holotrichia* spp.			x
Termites	*Coptotermes* spp.	x	x	x
	Heterotermes tenuis	x		
Foreurs de tige (*Stemborers*)	*Chilomima* spp.	x		
	Coelosternus spp.	x		
	Lagocheirus spp.	x	x	
Mouche des fruits (*Fruitflies*)	*Anastrepha pickeli*	x		
	Anastrepha manihoti	x		
Criquets (*Grasshopers*)	*Zonocerus elegans* Z. variegatus		x	
	Gryllus assimilis	x	x	
Fourmi coupe-feuille, champignonnistes (*Leaf-cutter ants*)	*Atta sexdens, A. cephalotes*	x		
	Acromyrmex landolti	x		
Punaises	*Pseudotheraptus devastans*		x	

Symptômes, dégâts provoqués par les aleurodes

Les dégâts directs se produisent sur les feuilles lorsque les aleurodes se nourrissent du phloème, les tissus conducteurs de la sève élaborée. Ces piqûres, lorsqu'elles sont massives, provoquent un enroulement, un jaunissement (chlorose) et, pour finir, une chute des feuilles. Les pertes de rendement peuvent dépasser les 50 %. Lorsque les attaques sont fortes, on peut observer le développement de fumagine, un champignon pathogène secondaire qui se nourrit du miellat sécrété par les insectes. Il recouvre les feuilles d'un enduit noir et collant, contribuant à réduire d'autant la capacité de photosynthèse des feuilles et à affaiblir encore plus la plante.

Lutte contre les aleurodes

Un contrôle efficace suppose une démarche intégrée combinant plusieurs approches : techniques culturales, résistance variétale, lutte chimique ou biologique.

L'utilisation d'insecticides chimiques, si elle permet de contrôler le ravageur sur le court terme, conduit à l'apparition de résistance chez l'insecte et ne constitue pas une solution durable, sans parler des risques que cela représente pour l'environnement et la santé humaine.

Lutte chimique

Des applications foliaires de Thiamethoxam et d'Imidaclopride se sont montrées efficaces. Les pulvérisations doivent se faire précocement quand les populations de mouches blanches sont encore faibles, car même à des doses élevées le contrôle est difficile quand les insectes sont nombreux. Il est cependant rare que la lutte chimique soit économiquement rentable, ce qui n'arrive que lorsque les prix des racines de manioc sont très élevés. De plus, ces produits peuvent détruire des auxiliaires utiles contre d'autres ravageurs (par exemple les acariens), ce qui favoriserait ces derniers sans bénéfices pour l'agriculteur.

Pratiques agronomiques

Plusieurs recommandations sont proposées :
– la culture associée avec d'autres espèces végétales comme les légumineuses (niébé et haricot notamment), ce qui réduit significativement les populations d'œufs des aleurodes ;
– des dates de plantation appropriées. La plantation en saison des pluies permet un démarrage rapide de la croissance du manioc, réduisant ainsi la pression des ravageurs ;
– toutes les techniques qui favorisent la croissance de la plante comme des désherbages réguliers pour éviter la compétition avec les adventices et une fertilisation adéquate quand elle est nécessaire ;
– les pièges de couleur jaune qui attirent les aleurodes dans des réceptacles contenant du produit insecticide.

La sélection de variétés résistantes aux aleurodes

L'utilisation de variétés hôtes résistantes (*Host Plant Resistance,* HPR) reste la stratégie la plus stable et la moins coûteuse pour l'agriculteur quand elle est disponible. Le CIAT en Colombie a conduit dans les années 1980 un vaste programme de criblage systématique des variétés de manioc (plus de 5 500) pour la résistance aux aleurodes, en particulier vis-à-vis de *A. socialis*. Plusieurs cultivars moyennement à hautement

résistants ont été identifiés et sont utilisés dans les programmes d'amélioration. Les aleurodes qui se nourrissent sur ces cultivars se développent plus lentement, sont de taille plus petite, pondent moins et ont une mortalité supérieure à ceux qui vivent sur des cultivars sensibles. En elles-mêmes ces variétés résistantes ne permettent pas de contrôler entièrement les ravageurs, mais leur culture combinée à des techniques de lutte biologique laisse plus de temps à leurs ennemis naturels pour se développer. Concernant la résistance à *B. tabaci*, qui est de loin l'espèce la plus dommageable comme vecteur du CMD et la plus universelle, les travaux de sélection variétale sont en cours en Ouganda avec le concours du CIAT, de l'IITA et du NRI, en utilisant notamment le génotype MEcu 72 sélectionné en Colombie pour sa résistance relative à cette espèce. Des travaux similaires sont en cours pour la résistance à *A. dispersus* en Asie.

La lutte biologique

C'est la voie la plus prometteuse pour développer des stratégies de lutte contre les ravageurs, à la fois durables, stables et peu onéreuses pour les agriculteurs. De nombreux ennemis naturels des différentes espèces aleurodes existent en Amérique tropicale, tant au niveau des prédateurs (organismes qui tuent le ravageur pour s'en nourrir), des parasitoïdes (généralement d'autres insectes qui pondent dans le corps des aleurodes pour les parasiter et dont la larve se développe à leur dépens) et des entomopathogènes (tableau 20).

Les prédateurs les plus fréquents des aleurodes du manioc sont les cryopides (ordre des Névroptères) qui sont des insectes prédateurs généralistes dont les larves se nourrissent des œufs et des larves de nombreux arthropodes. En particulier, la chrysope verte (*Chrysoperla carnea*), parfois appelée « demoiselle aux yeux d'or », s'attaque à *A. socialis* sur le manioc. Des élevages commerciaux de cet auxiliaire existent pour la lutte biologique contre une série de ravageurs des cultures, notamment contre la cochenille noire de l'olivier.

Plusieurs espèces de parasitoïdes s'attaquent aux aleurodes du manioc. Les plus caractéristiques sont les micro-hyménoptères, très diversifiés dans le nord du continent sud-américain avec les genres *Encarsia*, *Eretmocerus* et *Amitus*. Dans le nord-est brésilien où *Aleurothrixus aepim* est l'aleurode prédominant, plusieurs espèces de parasitoïdes ont été identifiées, dont *Encarsia porteri*, *E. hispida*, *E. aleurothrixi* et *Eretmocerus* sp., sans que leur efficacité dans le contrôle de l'aleurode ne soit prouvée. Au Bénin, *E. haitiensis* et *E. guadeloupae* (2 espèces

Tableau 20. Liste d'ennemis naturels des aleurodes s'attaquant au manioc (d'après CIAT, 2012).

Espèces d'aleurodes	Parasitoïdes	Prédateurs	Entomopathogènes
Aleurotrachelus socialis	*Amitus macgowni* *Encarsia* spp. *variegate* *Euderomphale* sp. *Eretmocerus* spp. *Metaphycus* sp. *Signiphora aleyrodis*	*Delphastus* sp. *D. quinculus* *D. pusillus* *Chrysopa* sp. nr. *cincta* *Condylostylus* sp.	*Beauveria bassiana* *Lecanicillium lecani* *Aschersonia aleyrodes*
Aleurothrixus aepim	*Encarsia porteri* *E. aleurothrixi* *E. hispida* *Eretmocerus* sp.		*Cladosporium* sp.
Aleurotrachelus disperses	*Aleurotonus vittatus* *Encarsia haitiensis* *E. gouadeloupae.* *Eretmocerus* sp. *Euderomphale* sp.		
Bemisia tabaci	*Encarsia Sophia* *E. lutea* *E. Formosa* *E. mineoi* *Encarsia* sp. *Eretmocerus mundus* *E. tabacivora* *Eretmocerus* spp.	*Delphastus pusillus* *Condylostylus* sp.	
Bemisia tuberculate	*E. hispida* *E. pergandiella* *E. sophia* *Encarsia* sp. prob. variegate *E. tabacivora* *Eretmocerus* sp. *Euderomphale* sp. *Metaphycus* sp.	*Condylostylus* sp.	
Trialeurodes variabilis	*E. bellotti* *E. hispida* *E. luteola* *E. nigricephala* *E. pergandiella* *Encarsia* sp. *E. Sophia* *E. strenua*	*Chrysopa* sp. nr. *cincta* *Condylostylus* sp.	*Aschersonia aleyrodes* *Beauveria bassiana* *Lecanicillium lecani*

originaires des Antilles) ont été repérés comme efficaces pour contrôler *A. dispersus* avec laquelle ils ont été accidentellement introduits dans les années 1990.

Plus de 20 espèces de champignons entomopathogènes sont connues pour attaquer différents aleurodes du manioc (tableau 20). On trouve sur le marché plusieurs marques de biopesticides à base de ces champignons pour lutter contre différents insectes au-delà des seuls aleurodes (pucerons, thrips, cochenilles, termites, papillons, charançons, moustiques, etc.). Des biopesticides à base de *Beauveria bassiana* contre *A. socialis*, *B. tabaci* et *T. variabilis* ont donné de bons résultats en serre mais demandent à être confirmés en plein champ. Leur utilisation contre les aleurodes du manioc est plus efficace quand ils sont appliqués lorsque les populations d'insectes sont à un niveau faible et au stade d'œufs ou de larves.

En conclusion, la combinaison de variétés résistantes et de biopesticides est probablement une stratégie à privilégier pour maintenir les populations d'insectes en-dessous du seuil de préjudice économique.

Les cochenilles farineuses *(mealybug)*

Agent causal et dégâts

On compte une quinzaine d'espèces de cochenilles ravageuses du manioc, toutes originaires d'Amérique tropicale, mais seules deux d'entre elles, *Phenacoccus herreri* et *P. manihoti*, ont une réelle importance économique sur ce continent. *P. manihoti* a été introduit accidentellement au Congo au début des années 1970 et de là s'est répandu rapidement dans toutes les zones d'Afrique productrices de manioc (figure 14).

Ce ravageur y a causé des dégâts considérables en l'absence d'ennemis naturels locaux, comme c'est souvent le cas pour de nombreuses espèces introduites qui peuvent devenir ainsi très invasives. Il est également devenu invasif dans le sud-est asiatique où il a été observé pour la première fois dans plusieurs pays (en Thaïlande en 2008, au Cambodge en 2010, au Vietnam en 2012). Ce type de phénomène peut d'ailleurs se produire entre régions relativement proches géographiquement mais séparées par des conditions écologiques différentes. Ainsi, au milieu des années 1970, la cochenille *Phenacoccus herreni*, originaire du nord du continent sud-américain où elle est bien contrôlée par ses nombreux ennemis naturels, est devenue invasive dans le nord-est du Brésil en provoquant des dégâts importants.

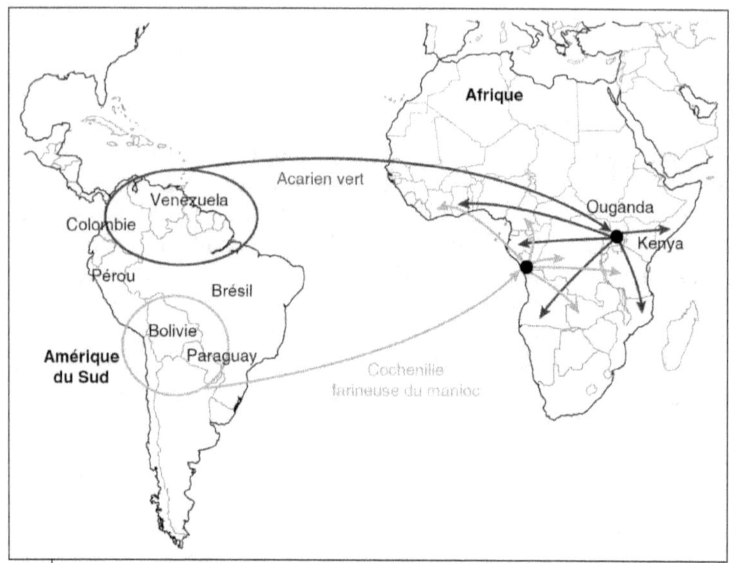

Figure 14.
Origine et introduction de la cochenille farineuse du manioc
et de l'acarien vert du manioc depuis l'Amérique du Sud vers l'Afrique
(d'après James *et al.,* 2000).

Même dans sa région d'origine, un ravageur, jusque-là peu virulent en raison de la présence de nombreux ennemis naturels, peut à un certain moment augmenter sa pression et devenir un problème sérieux. Cette situation a pu être récemment observée dans le sud du Brésil où *P. manihoti,* dont c'est pourtant le centre d'origine, est devenu très dommageable pour les cultures de manioc. La combinaison de plusieurs facteurs peut expliquer ce bouleversement : un changement climatique avec une succession d'hivers doux, qui a permis des périodes de plantation longues et donc la co-existence de plantes d'âges différents favorable à la multiplication des insectes, ainsi que l'utilisation d'insecticides chimiques qui a détruit les populations d'ennemis naturels, en particulier la petite guêpe parasite *Anagyrus lopezi.* En Thaïlande, le même type de phénomène s'est produit dans les années 2000 avec deux cochenilles d'origine américaine, *Ferrisia virgata* et *Pseudococcus jackbeardsleyi,* probablement sous l'effet conjugué de températures plus chaudes, de saisons sèches plus longues et de l'utilisation d'insecticides chimiques favorisée par le développement d'une production commerciale de manioc pour la transformation industrielle.

Avec *P. manihoti,* ces deux cochenilles peuvent causer jusqu'à plus de 25 % de pertes de récolte.

Les dégâts des cochenilles sont causés par les larves comme par les adultes qui, en se nourrissant sur la plante, lui injectent des toxines (photo 25, cahier couleur). Celles-ci provoquent un jaunissement puis un enroulement des feuilles et des malformations, dites en forme de chou, des parties apicales. Lorsque l'infestation est forte, il y a nécrose générale des feuilles, défoliation et distorsion des tiges. Les dégâts sur les variétés les plus susceptibles peuvent dépasser 80 %, tant dans le nord-est du Brésil qu'en Afrique. Aux dégâts directs provoqués par la succion des insectes, s'ajoutent des dégâts indirects causés par le développement de fumagines qui prolifèrent sur leurs excréments et réduisent d'autant la capacité photosynthétique de la plante.

Phenacoccus manihoti se reproduit par parthénogenèse ; tous les insectes sont femelles et pondent dans un ovisac sans accouplement préalable. Ainsi, un seul individu peut induire une pullulation importante en raison d'un taux de multiplication très rapide, jusqu'à 9 générations par an. Les pullulations les plus importantes se développent durant la saison sèche et les moins nombreuses au début des pluies provoquant une hécatombe d'insectes. *P. Herreni* est au contraire une espèce bisexuée avec un fort dimorphisme sexuel après le 3e stade larvaire. Les mâles adultes sont ailés. Pour les deux espèces, le cycle (œuf–adulte) est de 20/21 jours. Le premier stade larvaire est le plus mobile et le responsable de la colonisation des plantes au sein d'une même parcelle.

Contrôle des cochenilles du manioc

Pour être durable, la lutte contre ces ravageurs doit reposer sur un ensemble de pratiques qui se complètent et se renforcent mutuellement. L'objectif ne doit pas être d'éradiquer entièrement le ravageur, ce qui se révèle souvent vain et non durable, mais de maintenir sa population à des niveaux en-dessous desquels elle ne provoque pas de pertes économiques. Il est donc important de déclencher les techniques de lutte quand le nombre d'insectes est encore faible, ce qui implique un suivi constant au champ sous peine de ne pas détecter à temps les explosions de populations de cochenilles. Contrairement à la lutte chimique classique – qui consiste *a posteriori* à détruire des concentrations de ravageurs établis –, la lutte biologique suppose une forte technicité des agriculteurs qui doit être basée à la fois sur des connaissances scientifiques et techniques mais aussi sur les savoir-faire locaux. L'utilisation de pesticides doit être limitée au maximum car elle perturbe fortement ces mécanismes de contrôle biologique, qu'ils soient naturels ou induits par l'homme. En effet, la plupart des auxiliaires, notamment les insectes parasitoïdes, sont très sensibles aux pesticides chimiques même utilisés à faible dose.

Les techniques de lutte contre les ravageurs peuvent se situer à deux niveaux :
– celles destinées à prévenir les expositions des populations de ravageurs ;
– celles permettant de les détruire.

La lutte contre les cochenilles peut être fondée sur la prévention et le contrôle des ravageurs, en particulier par la lutte biologique.

Prévention
– limiter les déplacements des parcelles infestées vers des parcelles indemnes (outils, machines, matériel végétal) ;
– mettre en place une politique de quarantaine pour préserver les territoires encore indemnes ;
– traiter les boutures avant plantation en zones infestées par trempage dans une solution insecticide (comme décrit ci-dessus pour les aleurodes) ;
– éviter les traitements insecticides en plein champ (pour préserver les auxiliaires).

Contrôle
– assurer une surveillance régulière des champs (comptage de ravageurs toutes les 2 à 4 semaines) ;
– repérer les foyers d'infestation de cochenille (*hot spots*) ;
– sur les foyers identifiés, éliminer les parties infestées des plantes (bourgeons apicaux) et les brûler ;
– pulvériser un insecticide systémique sur les zones infestées circonscrites ;
– lâcher ou introduire des auxiliaires (parasitoïdes) adaptés à l'espèce de cochenille ciblée.

La lutte biologique contre les cochenilles du manioc est un bon exemple de réussite en Amérique comme en Afrique.

En Afrique, la cochenille farineuse du manioc (*P. manihoti*) a pu être contrôlée avec succès dans le cadre d'un programme de lutte biologique conduit dès les années 1980 par l'IITA, le CIAT et l'IIBC (*International Institute of Biological Control*, Grande-Bretagne). Ce programme a d'abord introduit la mini-guêpe parasitoïde *Anagyrus lopezi* (famille des *Encyrtide*) au Bénin, et de là l'a multipliée et relâchée avec succès

dans les autres pays africains. Cette guêpe, maintenant durablement établie dans pratiquement toute la zone d'Afrique productrice de manioc, a considérablement contribué à réduire la pression des cochenilles. En complément, des prédateurs, notamment les trois coccinelles coccidiphages (c'est-à-dire tueuses de cochenille) *Hyperaspis notata, Hyperaspis raynevali, Diomus* sp., ont aussi été introduites et se sont établies avec succès en Afrique. Mais la guêpe reste de loin la plus efficace pouvant à elle seule réduire de plus de 90 % les pertes de manioc dues à la cochenille farineuse. Ainsi en 2009 en Thaïlande, une forte invasion de cochenilles a pu être rapidement contrôlée grâce au lâchage de plusieurs millions de mini-guêpes *A. lopezi.*

A contrario, dans la lutte biologique, on peut signaler le rôle antagoniste des fourmis qui, en récoltant le miellat des cochenilles, les protègent de leurs ennemis naturels, comme cela a été observé au Ghana.

Les acariens *(mites)*

Les acariens, communément appelés araignées, ont quatre paires de pattes locomotrices à tous les stades (à l'inverse des insectes qui en ont trois), excepté au stade larvaire qui est hexapode, ainsi qu'une paire de pédipalpes (au rôle surtout sensoriel) et une paire de chélicères (pattes mâchoires).

Agent causal et dégâts

Les acariens sont également des ravageurs majeurs du manioc à travers le monde. On connaît plus de 40 espèces qui s'attaquent à cette culture, toutes originaires d'Amérique tropicale (figure 14). Les acariens verts *(Mononychellus* ssp.) (photos 26 et 27, cahier couleur) sont spécifiques à cette plante alors que les acariens rouges *(Tetranychus* spp.) sont plus polyphages. Les premiers ne fabriquent pas de toile, ce qui est une caractéristique pour les distinguer, alors que les acariens rouges en tissent sur une même plante ou entre plusieurs plantes pour se disperser. Les acariens provoquent leurs dégâts en piquant les feuilles pour les vider de leur contenu cellulaire. Les deux groupes appartiennent à la famille des *Tetranychidae.* Les femelles ne s'accouplent qu'une fois dans leur vie, donnant naissance par parthénogenèse à des mâles (œufs non fécondés) et par voie sexuée à des femelles (œufs fécondés).

Parmi les acariens verts du manioc (Cassava Green Mite, CGM), *Mononychellus tanajoa* est sans conteste l'espèce la plus dommageable, tant en Amérique qu'en Afrique. Originaire d'Amérique tropicale, on la retrouve maintenant dans la plupart des zones productrices de manioc en Afrique, plus spécialement là où la saison sèche est prononcée. Elle n'a pas été observée à ce jour en Asie mais les conditions climatiques de nombreuses régions lui seraient très favorables, et des mesures de quarantaine stricte s'imposent pour éviter son irruption sur ce continent.

En Colombie, les dégâts peuvent varier dans une même région de 15 % sur des cultivars résistants aux acariens jusqu'à deux tiers de pertes chez les variétés sensibles. Les feuilles atteintes deviennent aussi impropres à la consommation en tant que légumes-feuilles, très prisées en Afrique centrale. En Afrique, *M. tanajoa* a été observé pour la première fois en Ouganda en 1971, la même année que l'apparition de la cochenille farineuse au Congo. En moins de 20 ans, il s'est répandu dans toutes les zones productrices de manioc, provoquant d'importants dégâts. À ce jour, c'est le seul acarien vert inventorié sur ce continent.

Un autre acarien vert, *M. mcgregori,* lui aussi originaire d'Amérique, a été observé récemment au Cambodge, en Chine et au Vietnam et, en l'absence de prédateurs, pourrait se révéler dangereux. Les acariens verts se concentrent généralement sur le tiers supérieur de la plante, sur les tissus jeunes (boutons apicaux), et ils se nourrissent sur les faces inférieures des feuilles. Ils sont moins présents sur les parties basses ou médianes, plus anciennes. Quand les attaques sont sévères, les feuilles sont constellées de points chlorotiques uniformément répartis qui leur donnent un aspect marbré semblable à la mosaïque. Les tiges brunissent et prennent un aspect rugueux pouvant aller jusqu'à la nécrose. Les parties terminales des tiges perdent leurs feuilles et présentent un profil en lancette. Dans un second temps, ces tiges peuvent refaire des feuilles, mais, si la saison est sèche, les nouvelles jeunes pousses peuvent, elles aussi, être attaquées.

Les acariens rouges provoquent des dégâts d'abord sur les parties basses et centrales des plantes. Ils apparaissent à l'œil nu comme un point rouge doté de quatre paires de pattes. Les symptômes apparaissent sur la face supérieure des feuilles adultes, sous forme de minuscules taches chlorotiques le long de la nervure centrale. En s'étendant, elles finissent par recouvrir tout le limbe qui vire au brun rouge. Les feuilles sèchent et tombent en cas de forte infestation. Les attaques débutent en saison sèche et sont importantes surtout au cours de cette saison. On a répertorié quatre espèces d'acariens rouges en Afrique : *Oligonychus gossypii, Tetranychus telarinus, T. neocaledonicus* et *T. cinnabarinus.* En revanche, *Oligonychus peruvianus* n'est signalé qu'en Amérique où il a une certaine importance économique.

Tetranychus urticae (tétranyque tisserand ou tétranyque à deux points ou araignée rouge des serres ou encore araignée rouge du cotonnier), originaire d'Eurasie, est un ravageur polyphage et cosmopolite. Il provoque des dégâts assez importants sur le manioc en Asie. Les adultes présentent sur le dos deux taches sombres caractéristiques. La femelle mesure 0,5 mm de long, le mâle étant plus petit (0,3 mm) et les larves de taille plus réduite.

Le contrôle des acariens du manioc

La lutte chimique est à proscrire car inadaptée pour le contrôle des acariens d'une plante à cycle long comme le manioc, elle est non rentable économiquement et très nocive contre les ennemis naturels des acariens, même à faible dose. Par contre, toutes les techniques culturales qui favorisent un démarrage rapide de la plante et une bonne croissance sont utiles.

En fait, la stratégie de lutte repose sur deux axes : la sélection de variétés de manioc résistantes (*Host-Plant Resistance* ou HPR) et la lutte biologique, ces deux approches étant complémentaires.

Sélection variétale

Comme pour d'autres ravageurs, la résistante variétale a pour but de rendre la multiplication des acariens plus lente afin de laisser plus de temps à leurs ennemis naturels pour se développer.

Cette résistance se manifeste par deux processus :
– structurel (phénomène dit d'antixénose), la présence sur la plante de caractères morphologiques ou physiologiques créant une relation plante-ravageur dite de « non-préférence ». La présence de poils (pubescence) sur la plante repoussant ou gênant les ravageurs lors de leurs déplacements ou pendant la ponte en est une illustration ;
– chimique ou biologique (antibiose), la plante émet des substances chimiques qui repoussent ou intoxiquent le ravageur.

Le CIAT et l'IITA, ainsi que différents centres de recherche agricoles nationaux comme l'Embrapa au Brésil, ont développé de grands programmes de sélection variétale pour la résistance aux acariens. Parmi les 5 000 accessions de la collection du CIAT en Colombie, environ 300 ont montré une certaine résistance aux acariens, plutôt faible pour le genre *Tetranychus,* modérée pour *Mononychellus* et *Oligonychus.* Ces sélections servent de base aux programmes de création variétale. Sur ces variétés, les acariens se développent moins vite, sont moins prolifiques et ont un taux de mortalité des larves et des nymphes plus élevé. Dans le nord-est du Brésil, sur les 300 cultivars identifiés comme présentant une certaine résistance à l'acarien vert (CGM), 72 ont confirmé un niveau de résistance significatif (note < 3 sur une échelle de dégâts de 1 à 6). Plusieurs espèces de *Manihot* sauvages, évaluées par le CIAT en Colombie, comme *M. esculenta* subspp. *flabellifolia, M. tristi, M. filamentosa* et *M. alutacea*, ont montré des niveaux intéressants de résistance à l'acarien vert.

La lutte biologique contre les acariens du manioc

C'est actuellement la seule stratégie de lutte opérationnelle et généralisable contre les acariens du manioc, du fait que les acaricides chimiques ne sont ni adaptés ni économiquement rentables. Ce type de lutte se conduit non à l'échelle de la parcelle ou de l'exploitation mais au niveau d'un pays, voire d'un ensemble de pays ou même d'un continent. Dès les années 1980, de grands programmes de recherche ont été développés par le CIAT, l'Embrapa et l'IITA pour identifier, multiplier et introduire en Afrique les prédateurs directs des acariens nuisibles dans les zones de cultures attaquées. Ces prospections ont été conduites en Amérique tropicale, en priorité dans les zones identifiées comme présentant des similitudes agro-météorologiques avec les zones africaines à protéger afin d'avoir le maximum de chances d'obtenir un établissement durable des prédateurs une fois leur introduction effectuée.

Ces recherches ont montré que les phytoséiides, une famille d'acariens prédateurs naturels des nombreux acariens phytophages, offraient le plus grand potentiel pour contrôler les acariens du manioc verts comme les acariens rouges (*Tetranychus* spp.). Une dizaines d'espèces de phytoséiides provenant de Colombie et du Brésil ont été introduites en Afrique au début des années 1990 après une quarantaine au IIBC en Grande-Bretagne. Si aucune des espèces colombiennes ne s'est acclimatée, trois des espèces brésiliennes (*Typhlodromalus aripo, T. manihoti* et *Neoseiulus idaeus*) se sont bien implantées. La première s'est montrée la plus efficace et se retrouvait dès l'année 1993 dans 14 pays du continent. Des études de l'IITA ont montré que *T. aripo* réduisait les populations d'acariens verts de 30 à 90 % dans les champs de manioc avec des augmentations de rendement de plus de 30 %. Les phytoséiides ressemblent aux acariens verts qu'ils attaquent mais avec une carapace plus brillante et une vitesse de déplacement plus rapide que leurs proies. *T. aripo* se concentre à l'extrémité des tiges au niveau des bourgeons apicaux durant le jour et chasse la nuit sur les feuilles. Il préfère les variétés aux jeunes feuilles regroupées en bouquet à celles

au port plus étalé. Il est donc conseillé de cultiver quelques pieds de ces variétés de manioc afin d'attirer les phytoséiides, même si elles sont moins intéressantes pour la production et la consommation. Lorsque les populations d'acariens verts du manioc sont faibles, *T. aripo* peut se maintenir très longtemps en consommant du pollen de maïs ou en se nourrissant sur des plantes adventices comme *Euphorbia heterophylla* et *Mallotus oppositifolius*, qu'il est donc utile de maintenir à proximité des plantations de manioc.

Plusieurs espèces de phytoséiides se nourrissent d'acariens rouges (*Tetranychus* spp.), notamment *Euseius concordis**, *Galendromus annectens**, *Neoseiulus anonymous**, *N. chilenensis*, *N. idaeus**, *Phytoseilus macropilis* et *P. pessimilis*, certaines (*) attaquant également les acariens verts *(M. tanajoa)*. Ces espèces prédatrices ont un cycle de développement (œuf-adulte) environ deux fois plus court (4,5 jours) que celui de leurs proies (9 jours pour *T. urticae*). La longévité des phytoséiides adultes lorsqu'ils attaquent *T. urticae* varie de 17 jours (*N. Ideaus*) à 55 jours (*N. chilenensis*). Ces prédateurs s'attaquent à tous les stades des phytophages (œufs, larves, nymphes, adultes).

Les phytoséiides exotiques ont démontré leur efficacité en lutte biologique contre l'acarien vert (*M. tanajoa*) en Afrique et l'acarien rouge (*T. urticae)* en Asie. Ils sont cependant très sensibles aux perturbations de l'environnement, en particulier aux pesticides. L'usage d'insecticide chimique, contre les thrips notamment, provoque souvent des pullulations d'acariens verts avec, de façon concomitante, une chute des populations de phytoséiides. Des essais réalisés par le CIAT ont montré l'effet délétère sur les phytoséiides des pulvérisations d'acaricides chimiques, même à faible dose, alors qu'elles n'avaient que peu d'action sur les acariens verts, ce qui conduisait à une baisse significative du rendement du manioc. En Amérique tropicale où l'usage des pesticides chimiques est fréquent sur les grandes plantations de manioc pour le contrôle de certains ravageurs (aleurodes, thrips), cela peut favoriser la pression des acariens phytophages, notamment en cas d'utilisation de cultivars de manioc sensibles.

On peut également signaler l'intérêt des champignons entomopathogènes comme *Neozygites floridana.* (Zygomycetes : Entomophthorales) pour le contrôle de l'acarien vert ; des souches brésiliennes de ce champignon ont donné de bons résultats en Afrique mais des études complémentaires sont encore nécessaires avant de vulgariser leur utilisation.

En résumé

La lutte contre les acariens doit reposer sur les pratiques suivantes :
– une sélection rigoureuse et un traitement des boutures en zone infestée par trempage dans une solution insecticide appropriée (par exemple, Thiamethoxam) ;
– une plantation en début de la saison des pluies pour favoriser un bon démarrage ;
– une fertilisation et un désherbage adéquats pour favoriser la vigueur du manioc ;
– une plantation de cultivars de manioc résistants ou tolérants aux acariens ;
– un arrosage à l'eau sous pression pour détruire les pullulations localisées de ravageurs ;
– éviter autant que possible l'utilisation de pesticides, toxiques pour les acariens auxiliaires favoris ;
– mise en place de mesures de quarantaine pour éviter l'introduction de nouvelles espèces nuisibles d'acariens.

Autres ravageurs du feuillage du manioc

Les thrips

Agent causal et dégâts

Les thrips (ordre des thysanoptères) sont des insectes polyphages volants de 1 à 2 mm de long, souvent de couleur jaunâtre. Ils comptent parmi les ravageurs ayant une certaine importance comme bio-agresseurs du manioc. Les principales espèces sont *Frankliniella williamsi, Scirtothrips manihoti, Corynothrips stenopterus, Caliothrips masculinus, Scolothrips* sp. et *Thrichinothrips strasser*. Les deux premières sont celles qui causent le plus de dégâts sur le continent américain. *F. williamsi* est aussi présente en Afrique et en Asie. Sur ce dernier continent, trois autres espèces, *Ayyaria chaetophora, Elaphrothrips denticollis* et *Nesothrips lativentris* sont également signalées comme ravageurs du manioc. Cependant, seule *F. williamsi* semble provoquer des baisses de rendement significatives, notamment sur les plantations à grandes échelles avec des variétés sensibles où les agriculteurs déclenchent des traitements chimiques pour la contrôler et où des pertes de rendement de 5 à 30 % ont été notées. *F. williamsi* s'attaque aux bourgeons terminaux, provoquant une levée de la dominance apicale. Sur les plantes attaquées, les feuilles ne se développent plus normalement, se déforment et se couvrent de points chlorotiques

avec des lésions sur les jeunes tiges et des entrenœuds raccourcis. En cas d'attaques importantes, la plante prend un aspect rabougri en balai de sorcière. Les attaques ont surtout lieu durant la saison sèche, les plantes endommagées récupérant en saison des pluies.

Lutte contre les Thrips

La parade la plus efficace reste à ce jour l'utilisation de variétés résistantes qui sont assez facilement disponibles; on estime que 30 % des cultivars en collection du CIAT en Colombie présentent une bonne résistance aux thrips. Cette résistance est de type mécanique (phénomène d'antixénose), elle est provoquée par la pilosité des bourgeons.

Pour les raisons déjà évoquées précédemment, la lutte chimique est à éviter en raison des dégâts qu'elle provoque sur les auxiliaires naturels contre différents ravageurs comme les acariens phytophages, ce qui peut favoriser par contrecoup la pullulation de ces derniers.

La lutte biologique contre les thrips n'a pas encore fait l'objet de beaucoup d'investigation. On connaît cependant certains de leurs prédateurs naturels comme l'acarien *Typhlodromalus aripo* (contre *Scirtothrips manihoti*) et les hyménoptères du genre *Orius* s. contre *F. williamsi.*

Les tingidés (lace bugs)

Agent causal et dégâts

Les tingidés *(lace bugs)* ordre des Hemiptera, famille des *Tingidae*, appelés aussi punaises réticulées ou tigre, sont une autre famille notable d'insectes défoliateurs, uniquement observés à ce jour en Amérique tropicale et dans les Caraïbes sur manioc. Les principales espèces appartiennent au genre *Vatiga* : *V. illudens, V. manihotae, V. pauxilla, V. varianta* et *V. cassiae.* Depuis 1985, la punaise noire *Amblystira machalana* a été signalée sur le manioc dans le nord du continent sud-américain. Les dégâts sont provoqués par les adultes et les nymphes qui se nourrissent sur la face inférieure des feuilles des parties basses et intermédiaires de la plante. En piquant le limbe, *Vatiga* spp. provoque de petites taches jaunes virant parfois au brun, ressemblant à celles causées par les acariens rouges. Dans le cas de *A. machalana,* ces taches sont blanchâtres et, en se réunissant, elles créent un espace décoloré au centre de la feuille qui devient parfois foncé. En cas d'attaque importante, les feuilles s'enroulent puis chutent, surtout celles de la partie basse de la plante.

La pullulation de *Vatiga* spp. est favorisée par les fortes températures et une saison sèche longue. Au sud du Brésil, on a noté ces dernières années une augmentation des attaques avec des pertes de rendement du manioc de plus de 20 %, incitant les agriculteurs à utiliser des insecticides. Les attaques de *A. machalana* sont observées, quant à elles, aussi bien en saison sèche qu'en période humide.

Méthodes de lutte contre les tingidés du manioc

Peu de recherches ont été conduites à ce jour sur la lutte contre les punaises réticulées du manioc; il est donc difficile de faire des recommandations précises, sinon celles d'éviter l'usage des insecticides chimiques. Quelques cultivars de manioc, provenant notamment du Brésil et de Colombie, présentent un certain niveau de résistance; mais aucun programme d'amélioration ne cible spécifiquement la résistance à ces ravageurs pour lesquels on connaît peu d'auxiliaires naturels. Des hémiptères du genre *Zelus (Z. nugax)* et plusieurs espèces d'araignées semblent avoir du potentiel pour la lutte biologique contre ces ravageurs. Au Brésil, des tests en laboratoire ont montré l'intérêt de champignons entomopathogènes comme *Metarhizium anisopliae* et *Beauveria bassiana* qui provoquent des mortalités élevées chez *V. illudens*.

Les sphinx de manioc (Cassava Hornworms)

Agent causal et dégâts

Plusieurs espèces de lépidoptères s'attaquent au manioc, la plus importante étant le sphinx du manioc, *Erinnyis ello*, qui provoque des dégâts importants dans une grande partie de l'Amérique tropicale depuis le nord de l'Argentine jusqu'aux Caraïbes et le sud des États-Unis. La grande mobilité de ces papillons, leur adaptation climatique et leur polyphagie expliquent cette diffusion large. D'autres espèces d'*Erinnyis* (*E. Alope; E. ello ello* et *E. ello encantado*) se rencontrent également sur le manioc mais sans provoquer de pertes économiques importantes.

Les chenilles du sphinx du manioc se nourrissent sur les feuilles de tout âge mais aussi, lorsque les populations sont importantes, sur les tiges et les bourgeons (photo 28, cahier couleur). Les attaques importantes peuvent entraîner une défoliation complète de la plante. Les dommages les plus sévères s'observent sur les très grandes plantations (> 100 ha) où les adultes peuvent trouver constamment des surfaces encore non défoliées pour pondre et se nourrir. Même si les plants de manioc arrivent la plupart du temps à récupérer, en puisant dans

leurs réserves racinaires notamment en saison des pluies, les pertes de production et la détérioration de la qualité des racines sont souvent très fortes après une défoliation importante.

Les explosions des populations de sphinx sont sporadiques mais se produisent surtout pendant la saison des pluies lorsque le feuillage est abondant. Les adultes, papillons nocturnes de couleur grise, sont migrateurs avec une forte capacité de vol. Les femelles pondent une moyenne de 500 petits œufs ronds de couleur verte à jaune clair, à la surface supérieure des feuilles de manioc. L'abondance de ces pontes, combinée à une forte capacité migratoire des adultes, explique les pullulations sporadiques des populations de sphinx. La durée moyenne du stade larvaire est inversement proportionnelle à la température ambiante, passant de 105 jours à 15 °C à 23 jours à 30 °C, ce qui explique que les pullulations s'observent plutôt à basse altitude ou durant la saison chaude dans les régions subtropicales. Les chenilles peuvent consommer durant leur vie jusqu'à 1 100 cm² de feuille dont les trois quarts pendant le 5e stade larvaire. À ce stade, il suffit d'une douzaine de chenilles pour défolier en quelques jours un plant de manioc de 3 mois.

Le contrôle des chenilles du manioc

Le comportement des populations décrit ci-dessus montre qu'il est important de détecter les pullulations de chenilles dès les premiers stades larvaires pour mettre en œuvre un contrôle efficace. Pour ce faire, on peut utiliser des pièges lumineux pour dénombrer les papillons ou faire des comptages réguliers des œufs et des jeunes chenilles au champ. Appliqués avant le 4e stade larvaire, les insecticides chimiques donnent de bons résultats. Malheureusement, les agriculteurs attendent souvent que la défoliation soit avancée pour intervenir, utilisant alors des doses très élevées pour venir à bout de populations de chenilles déjà très importantes, ce qui a des conséquences très négatives sur les ennemis naturels des chenilles.

Plus de 30 espèces de parasites, prédateurs et agents pathogènes de l'œuf, des larves et des pupes de sphinx, ont été identifiées. Toutefois, leur efficacité est limitée, en raison du comportement migratoire des papillons.

Parmi les parasitoïdes qui s'attaquent aux œufs, les micro-hyménoptères *Trichogramma* spp. et *Telenomus sphingis* sont les plus fréquents. Des comptages faits au CIAT en Colombie ont montré que près de 70 % des œufs de sphinx étaient parasités par ces deux micro-guêpes. Parmi les parasites des chenilles, les diptères de la famille des Tachinidés, comme *Drino* spp. et *Belvosia* sp., et les hyménoptères du genre *Cotesia* spp. (*Braconidae*) sont les plus courants.

Les prédateurs, *Chrysopa* spp., parfois appelés « demoiselle aux yeux d'or » (Nevroptera), sont des destructeurs d'œufs communs, alors que les chenilles sont attaquées par des guêpes du genre *Polistes* et *Polybia* ainsi que par plusieurs espèces d'araignées, de la famille des *Tomicidae* (araignées crabes) ou *Salticidae* (araignées sauteuses).

Parmi les organismes entomopathogènes, on peut noter les champignons *Cordyceps* sp. qui attaquent les chrysalides. *Metarhizium anisopliae* et *Beauveria bassiana* peuvent provoquer une mortalité importante des chenilles.

Quant aux méthodes de lutte biologique opérationnelles, des pulvérisations à base de *Bacillus thuringiensis* ont donné de bons résultats lorsqu'elles sont appliquées précocement sur les jeunes chenilles avant le 4ᵉ stade larvaire. L'utilisation d'un *Bacillovirus* spécifique à *E. ello* est une autre voie prometteuse. Après de longs essais depuis les années 1970, la formulation brevetée (Bio Virus Yuca®) a été mise au point avec le concours du CIAT et est maintenant commercialisée par la société colombienne Biotropical. Appliqué à la dose de 300 g/ha sur les premiers stades des chenilles de sphinx, ce traitement cause des mortalités entre 80 et 100 %, ce qui permet de se passer presque complètement d'insecticides chimiques, et cela pour un coût très faible de quelques dollars US par hectare. Ce produit est maintenant largement utilisé dans les grandes plantations du sud du Brésil.

Remarque

Le succès de la lutte biologique repose sur une bonne formation des agriculteurs pour qu'ils puissent détecter très tôt les explosions de populations de sphinx à l'aide des pièges lumineux, sur les comptages d'œufs au champ et sur une application précoce (stades larvaires 1 à 3) de biopesticides adaptés.

▶ Les ravageurs qui s'attaquent aux tiges

De nombreuses espèces d'insectes attaquent les tiges de manioc. Si certaines sont pantropicales, la plupart restent confinées au continent américain. On distingue 4 groupes principaux : les foreurs de tiges, les cochenilles encroûtantes, les mouches des fruits et les *shootflies*.

D'autres groupes (acariens, cochenilles, sauterelles, sphinx, thrips…) causent également des dommages aux tiges mais de façon secondaire, car ils se nourrissent surtout du feuillage du manioc.

Les foreurs de tiges *(Stem Borers)*

Agent causal et dégâts

Les foreurs de tiges *(Stem Borers)* qui attaquent le manioc sont pour l'essentiel soit des coléoptères soit des lépidoptères. Parmi les coléoptères, *Lagochirus* sp. est signalé en Afrique et en Asie mais sans provoquer des dommages importants. En Amérique, les dégâts sont surtout notables au Brésil, en Colombie et au Venezuela avec le genre *Coelosternus* spp. *(Curculionidae)* et l'espèce *Lagochirus aranciformes* *(Cerambycidae)* qui occasionnent des pertes souvent sporadiques et localisées de racines et de boutures. Mais ce sont surtout les lépidoptères qui occasionnent le plus de dégâts. Les populations de *Chilomima clarkei* *(Pyralidae)* qui se nourrissent aussi des bourgeons aux stades jeunes sont maintenant considérées comme un ravageur majeur du manioc en Colombie et au Venezuela, elles provoquent des pertes de production parfois élevées et affectent la qualité des boutures.

C. clarkei peut produire 4 à 6 cycles, qui se chevauchent, par an, ce qui rend le contrôle difficile. Les chenilles creusent des galeries à l'intérieur des tiges mais leur présence est facilement détectable par la sciure et les déjections qu'elles rejettent. Lorsque les galeries deviennent nombreuses, cela provoque des cassures de tiges et favorise le développement de pourritures. On estime qu'un taux de casse de 35 % induit plus de 50 % de perte de rendement. Les charançons *Coelosternus* creusent leurs galeries dans la partie médullaire des tiges, provoquant ainsi le dessèchement et également la cassure des tiges. *Lagochirus* provoque le même type de dégâts mais se remarque par l'abondance de ses déjections et de rejets de sciure à la base des plants de manioc.

Les femelles *Lagochirus* pondent leurs œufs à 2-3 cm sous l'écorce des tiges du manioc. Les œufs éclosent en moins d'une semaine. Les larves se rencontrent souvent en groupe plutôt sur la partie inférieure de la plante. Leur développement dure deux mois jusqu'à mesurer environ 3 cm. Les chrysalides restent ensuite un mois à l'intérieur de la tige. Les charançons adultes mesurent de 1,5 à 2 cm, ils sont nocturnes et actifs toute l'année. Ils se nourrissent à la fois de feuilles et d'écorce. Selon les espèces, les larves mesurent entre 1 et 1,5 cm, leur développement dure entre un et deux mois ; la pupaison a lieu dans des cellules creusées au cœur des tiges et dure un mois.

Le charançon *Coelosternus* pond des œufs blancs, au rythme de un par jour, sur les différentes parties de la plante sous l'écorce ou au niveau des cassures des branches. La taille maximale des larves varie selon les espèces (de 8 à 15 mm) après un développement qui dure entre 1 à 2 mois ; la pupaison se produit dans les mêmes conditions que chez *Lagochirus*. Les adultes peuvent être actifs toute l'année, les populations les plus importantes se rencontrant sur les plantes de manioc âgées qui sont laissées sur ou autour des champs et constituent ainsi des réservoirs pour les infestations futures.

Chez *C. clarkei* les femelles adultes, papillons nocturnes, pondent à l'intérieur des tiges de manioc, surtout au niveau des bourgeons et des nœuds, où elles peuvent déposer en moins d'une semaine jusqu'à 200 œufs qui éclosent après 6 jours (à 28 °C). Les chenilles du premier stade, très mobiles, se nourrissent de la cuticule des tiges. Une fois qu'elles ont trouvé un site de nourrissage convenable, généralement autour des bourgeons latéraux, les chenilles tissent une toile de protection sous laquelle les 4 premiers stades larvaires se développent en l'agrandissant au fur et à mesure de leur croissance. Les chenilles pénètrent dans les tiges seulement au 5e stade larvaire et commencent à creuser des galeries de plus en plus nombreuses au fur et à mesure des mues (jusqu'à 12). Cette activité peut durer plus de 2 mois si les conditions sont favorables. La nymphose se déroule dans les tiges d'où émergent les adultes qui auront une durée de vie de 4 à 5 jours pour les mâles et de 5 à 6 jours pour les femelles.

Le contrôle des foreurs de tiges

La lutte contre les foreurs de tiges est plus difficile que celle contre les insectes défoliateurs car les foreurs des tiges sont protégés à l'intérieur des tiges. Une lutte chimique supposerait l'utilisation de produits systémiques qui pourraient se retrouver dans les racines et menaceraient donc la santé des consommateurs.

Chez *C. clarkei,* la toile que tissent les larves est une barrière supplémentaire contre l'action des pesticides avant même que les chenilles ne pénètrent dans les tiges. Seul le premier stade larvaire, mobile et sans protection, est sensible aux pesticides. On recommande l'utilisation de biopesticides à base de *Bacillus thuringiensis* (Bt) dès la première apparition des chenilles. Cependant, en raison du chevauchement des générations de chenilles, plusieurs applications sont nécessaires, ce qui rend le traitement très onéreux pour les petits producteurs.

Plusieurs ennemis naturels des chenilles ont été identifiés, notamment des hyménoptères parasitoïdes (par exemple *Apanteles* sp., *Brachymeria* sp., *Tetrastichus howardi*, *Trichogramma* spp.) mais leur efficacité n'a pas encore été réellement démontrée. On ne connaît par contre pas d'ennemi naturel pour les charançons *Coelosternus* et *Lagochirus*. Les champignons entomopathogènes comme *Beauveria bassiana* et *Metarhizium anisopliae* pourraient être utilisés comme agents de lutte biologique. Des travaux sont en cours au CIAT en Colombie pour développer, par transgenèse et grâce au gène Bt, des cultivars de manioc résistants aux chenilles.

Les bonnes pratiques culturales habituelles comme la sélection de bouture saines, le brûlage des tiges résiduelles infestées et l'arrachage de plants de manioc de plus de 2 ans permettent de réduire la pression des foreurs de tiges. Enfin, la culture du manioc et du maïs en association a montré un effet positif sur la réduction des populations de *C. clarkei*, tout au moins jusqu'à la récolte de la céréale.

Les cochenilles encroûtantes *(scale insects)*

Plusieurs espèces s'attaquent aux tiges et feuilles du manioc sur les trois continents. Cependant, même si des dégâts importants sont observés localement ce groupe n'est pas considéré comme un problème majeur sur le manioc. Les espèces les plus importantes sont *Aonidonytilus albus* et *Saissetia miranda*. *A. albus* a été signalé dans toutes les régions à manioc et est considéré comme le ravageur le plus répandu sur cette culture à travers le monde. Les plus forts dommages se produisent sur les boutures infestées qui subissent une réduction importante de leur pouvoir germinatif. Une infestation faible au départ et passée inaperçue peut se répandre durant le stockage des boutures et affecter grandement leur vitalité germinative.

Les plantes infestées doivent être détruites pour empêcher la diffusion des ravageurs. Dans le cas d'infestation par *A. albus*, on évite le voisinage des champs de manioc avec d'autres plantes hôtes comme *Atriplex*, *Carica papaya*, *Chrysanthemum*, *Flourensia*, *Harrisia*, *Malvaceæ*, *Malvastrum*, *Mangifera indica*, *Mimosa*, *Sechium*, *Solanum*, *Suæda* et *Ziziphus*. Les boutures doivent être prélevées sur des plantes saines. Si on ne peut obtenir des boutures totalement indemnes, on peut les tremper dans une solution insecticide (par exemple, le malathion) ou dans de l'eau chaude (moitié eau bouillante, moitié eau à température ambiante) pendant 5 à 10 minutes.

▶ Les ravageurs qui s'attaquent aux racines

Les rhizophages du manioc sont relativement peu nombreux comparés aux ravageurs des parties aériennes. Ce sont surtout des « généralistes » non inféodés strictement au manioc. La présence de composés cyanhydriques qui peut être élevée dans les racines de stockage de certaines variétés (dites « amères ») en est sûrement une des explications. Parmi ces ravageurs, on trouve les vers blancs et les cochenilles farineuses des racines.

Les vers blancs *(white grubs)*

Agent causal et dégâts

Toute une cohorte de vers blancs (*Scarabaeidae*) est associée au manioc. Ce sont des insectes hémi-édaphiques (avec les fourmis et les termites) qui ne passent qu'une partie de leur cycle dans le sol. Les adultes surtout nocturnes mesurent environ 6 mm et sont de couleur jaune paille à brun. Les femelles pondent leurs œufs dans les sols riches en humus. Elles sont blanchâtres avec une tête brune. Il n'est pas toujours aisé de distinguer les espèces réellement nuisibles pour le manioc. Le genre le plus fréquent en Amérique est *Phyllophaga* spp. (dont *P. menetriesi*). On trouve : en Asie, *Leucopholis rorida*, *Lepidiota stigma*, *Aserica* sp. et *Holotrichia* sp.; en Afrique, *Euchlora viridis*, *E. pulchripes* et *Heteronychus plebejus*.

Les vers blancs qui attaquent le manioc sont généralement opportunistes pour leur alimentation et se nourrissent sur de nombreuses autres cultures comme le maïs, la pomme de terre, l'arachide, la canne à sucre, les haricots, la patate douce ou le soja. Aussi les attaques varient beaucoup d'un cycle à l'autre selon les opportunités d'alimentation, du fait de cette variabilité, les stratégies de lutte sont complexes.

Le cycle de vie des vers blancs comprend trois stades larvaires (de respectivement 20, 27 et 175 jours chez *P. menetriesi*) et le cycle complet de l'œuf à l'adulte dure plus d'une année. Les adultes volent ensuite environ 15 jours. Ils deviennent actifs en début de saison des pluies. Les œufs sont pondus à une dizaine de centimètres sous la surface du sol et éclosent après 2 à 4 semaines.

Les larves de vers blancs endommagent le manioc en s'attaquant à l'écorce et aux bourgeons des boutures entraînant une mortalité et une réduction de la densité des plants. Les attaques se poursuivent sur les racines nourricières en provoquant des pourritures, le rabougrissement des plantes et parfois leur mort. Sur les racines tubérisées les vers creusent des galeries qui favorisent les pourritures bactérienne ou fongique et détériorent leur qualité. En Amérique du Sud on a enregistré des pertes de rendement en racines commercialisables dues aux vers blanc pouvant atteindre 30%.

Le contrôle des vers blancs

Les vers blanc sont facilement détectables lors de la préparation du sol. Laisser le sol retourné quelques jours avant plantation permet d'exposer les vers au soleil et aux prédateurs (oiseaux) et ainsi de réduire leur population. L'apport de chaux leur est néfaste. Les variétés de manioc à forte teneur en acide cyanhydrique (HCN) (variétés dites «amères») sont moins sensibles à ces ravageurs.

Pour la lutte biologique, toute une gamme de micro-organismes entomopathogènes sont antagonistes des vers blancs comme des champignons (*Metarhizium anisopliae, Beauveria bassiana* et *Paecilomyces lilacinus*), des bactéries (*Bacillus popiliae* et *Servatia* sp.) ou des nématodes (par exemple, *Steinernema feltiae, S. krausseii* et *Heterorhabditis bacteriophora*). Des essais réalisés par le CIAT ont montré que l'association d'un micro-organisme et d'un insecticide appliqués séparément permet de réduire fortement les doses de produit chimique nécessaire : par exemple, le champignon *M. anisopli* associé *à* l'insecticide Imidaclopride ; ou le nématode *H. bacteriophora* associé au Fipronil.

Cochenille de la racine du manioc *(Cassava Root Mealybug)*

Trois principales espèces de cochenilles endommagent les racines du manioc (photo 29, cahier couleur).

En Afrique, la présence de *Stictococcus vayssierei* (Hémiptère : *Stictococcidae*) semble actuellement limitée à certaines régions d'Afrique centrale dont le Cameroun. Les larves comme les adultes s'attaquent aux racines secondaires entraînant une réduction de taille et la déformation des racines tubérisées. Les larves de couleur blanc crème sont mobiles. Les adultes sont rouge foncé à brun, de forme ovale comme des tiques. Ils sont dépourvus d'ailes et restent fermement collés aux racines les rendant difficilement commercialisables. Cette espèce s'attaque également à l'igname, à l'arachide et au taro. Les infestations de *S. vayssierei* sont plus fortes durant la saison sèche. Hormis la plantation sur billon, qui semble limiter les infestations, on ne connaît pas de technique de contrôle particulière pour ce ravageur.

En Amérique du Sud, *Pseudococcus mandio* (Hemiptera : *Pseudococcidae*) se rencontre en Bolivie, au Paraguay et au Brésil mais ne semble provoquer de dégâts notables que dans ce dernier pays. Les insectes, larves comme adultes, sont de couleur blanche, comme fariné. Le cycle de vie (œuf-imago) est de 25 jours pour les femelles et jusqu'à 30 jours pour les mâles. Ils provoquent une réduction de la taille des racines tubérisées et des défoliations.

Depuis une dizaine d'années (2008/2009), des cochenilles farineuses du genre *Dysmicoccus* sp. (Hemiptera : *Pseudococcidae*) causent des dégâts économiques importants dans le sud du Brésil. Ces insectes suceurs s'attaquent aux racines tubérisées des jeunes plantes provoquant le flétrissement des nouvelles feuilles et retardant le développement de la plante. Ce ravageur, dont les dégâts sont favorisés par la culture intensive et répétitive, est difficile à atteindre et oblige les agriculteurs à réaliser des traitements insecticides du sol. Des solutions alternatives à base de nématodes entomopathogènes sont à l'étude (Guide *et al.,* 2016).

Autres ravageurs occasionnellement nuisibles

Un certain nombre d'autres ravageurs provoquent parfois des dégâts notables sur les cultures du manioc.

Les criquets *(grasshoppers)*

Les principales espèces de criquets concernées sont *Zonocerus elegans* en Afrique australe, et *Z. variegatus*, le criquet puant en Afrique de l'Ouest et de l'Est. Ces deux espèces grégaires peuvent causer d'importantes pertes de rendement par défoliation et écorçage en cas de pullulation. Des attaques occasionnelles ont aussi été observées au Brésil (photo 30, cahier couleur).

Les fourmis champignonnistes *(Leaf-Cutting Ants)*

En Amérique, dans les bassins de l'Amazone et de l'Orénoque, les fourmis coupeuses de feuilles, notamment les espèces *Atta sexdens, Atta cephalotes* et *Acromyrmex landolti,* s'attaquent aux feuilles de manioc qu'elles découpent en morceaux semi-circulaires et qu'elles rapportent dans leur fourmilière. Elles s'en servent comme litière pour cultiver des champignons dont elles se nourrissent. Les attaques ont surtout lieu sur les jeunes plantes et peuvent provoquer localement des pertes importantes. On utilise des appâts empoisonnés, placés directement dans les fourmilières, pour les contrôler.

Les termites

Les termites peuvent endommager le manioc dans toutes les régions du monde mais plus particulièrement en Afrique. Les principales espèces concernées sont *Coptotermes paradoxis* (Afrique) et *Heterotermes tenuis* (Amérique). Ces insectes provoquent des dégâts en rongeant les boutures de manioc mais aussi en pénétrant dans les tiges des plantes développées et dans les racines tubérisées. Les dégâts ont lieu surtout en saison sèche et plutôt dans les sols sableux. Les termites s'attaquent aussi aux boutures durant le stockage. Au champ, le contrôle est difficile mais on peut protéger les zones de stockage avec des insecticides adéquats.

Les vertébrés

Des vertébrés s'attaquent également au manioc comme des oiseaux, des rongeurs, des singes ainsi que certains animaux domestiques.

Les oiseaux

Les oiseaux ravageurs du manioc en Afrique sont les francolins (*Francolinus* sp.) et les pintades sauvages. Ces oiseaux mettent à nu les racines en grattant le sol et les picorent, favorisant ainsi les pourritures y compris des autres racines non découvertes. Dans les sols légers, faciles à remuer, ces volatiles peuvent être une contrainte non négligeable.

Les mammifères

Les mammifères qui attaquent le manioc sont principalement des rongeurs. En Afrique, les dégâts proviennent surtout de l'agouti ou grand aulacode (*Thryonomys swinderianus*, appelé *grass-cutters* en Afrique anglophone), du rat de Gambie (*Cricetomys gambianus*), du rat palmiste ou écureuil fouisseur (*Xerus erythropus*) ainsi que de plusieurs autres espèces de rat et de souris. En zone forestière les singes (surtout les babouins) lorsqu'ils sont abondants peuvent occasionner de fortes pertes sur les variétés de manioc douces à tel point qu'il y est souvent impossible de cultiver autre chose que des variétés amères, que les singes ne consomment pas, dès qu'on s'éloigne des villages où la protection des plantes est plus aisée.

Les animaux domestiques

Parmi les animaux domestiques les porcs déracinent les pieds de manioc et mangent les racines. Les bovins, les moutons et les chèvres aiment brouter les feuilles et les tiges vertes.

5. L'agriculture du manioc

Le manioc est une culture à propagation végétative. Cela veut dire que les plantes cultivées sont issues de boutures de tige prélevées sur la culture précédente ou dans des pépinières mises en place à cette fin, parfois appelées «parc à bois», en dehors du cas assez rare et spécialisé de création de nouvelles variétés issues de graines ou d'hybrides spontanés provenant de germination de graines. La multiplication végétative permet de reproduire à l'infini le même individu par clonage sans variation de son patrimoine génétique – hors mutation somatique, phénomène assez rare. De ce fait, pour une variété donnée, l'homogénéité est totale et l'agriculteur n'a pas à se soucier de dérive génétique, sauf en cas d'absence d'épuration des hybrides spontanés issus de graine présents dans le champ. Cette situation est fréquente si la variété cultivée est fructifère.

Le bouturage est cependant porteur de risque sanitaire beaucoup plus grand que dans le cas des plantes propagées par graines. Une bouture étant un morceau de l'appareil végétatif, dans le cas du manioc il s'agit de bouture de tige, elle est en effet susceptible de transporter et de transmettre à la génération végétative suivante de nombreux bio-agresseurs parmi lesquels les virus mais aussi des champignons, des insectes, des nématodes ou des acariens. En l'absence de précaution sanitaire rigoureuse et de techniques culturales appropriées, la charge en pathogènes peut devenir rapidement élevée altérant fortement le potentiel de rendement. En outre, le matériel de plantation est potentiellement un vecteur de diffusion géographique des bio-agresseurs même sur de très grandes distances.

La mise en œuvre de bonnes pratiques agricoles concernant à la fois les techniques culturales et la gestion du système de culture et des rotations est une condition primordiale pour obtenir et maintenir sur le long terme une production «rentable» pour le producteur tant au niveau alimentaire qu'économique.

Ce chapitre expose les différentes composantes de l'itinéraire technique de la culture du manioc en présentant les solutions utilisées par les différents systèmes de production depuis la petite agriculture de subsistance manuelle et faiblement intensive en intrants jusqu'aux grandes plantations mécanisées qui se développent fortement depuis quelques années dans différentes régions du monde.

Les techniques culturales

Préparation du sol

La préparation du sol a pour objectif de créer les conditions d'un bon développement du système racinaire y compris et surtout celui des racines tubérisées. Il s'agit donc d'obtenir un sol meuble et drainant bien car le manioc est sensible à l'excès d'humidité qui peut causer rapidement des pourritures racinaires.

En culture manuelle, le travail du sol est généralement réalisé à la houe après nettoyage de la parcelle avec coupe et enfouissement ou brûlage des adventices ou des résidus de la culture précédente. La plantation sur billons a l'avantage de créer un horizon meuble et drainant même en cas de sol relativement superficiel. À l'inverse, les billons se dessèchent plus rapidement en condition sèche. Aussi en l'absence d'autres contraintes (par exemple, la pente), on préfère une plantation à plat en période de pluie modérée et sur billons en période de forte pluie. Après défriche de forêt ou en cas de pente importante, le travail du sol est souvent localisé et limité à la ligne ou au trou de plantation.

En traction animale, les agriculteurs font un ou deux labours pour ameublir le sol et enfouir les résidus. Le billonnage qui suit est souvent fait à la main. En culture motorisée sur grande parcelle, on réalise un ou deux passages de charrue à disques ou à socs, éventuellement précédé d'un sous-solage sur les sols compactés, suivi d'un hersage aux disques. Puis les billons sont confectionnés avec un outil tracté (billonneuse à disques ou à socs). Dans les systèmes de semis direct sur couverture végétale sans travail du sol, il est cependant souvent nécessaire de prévoir un ameublissement localisé sur la ligne de plantation pour favoriser le développement des racines de manioc.

Plantation

Le manioc cultivé se multiplie par bouture de tige. Le choix de boutures saines est essentiel pour la bonne conduite de la culture au fil des générations.

La préparation des boutures

En système paysan classique, les boutures sont prélevées sur une parcelle de production plus ancienne. Les boutures (appelées « bois ») doivent être prélevées autant que possible sur des plantes saines et

vigoureuses le plus près possible de la récolte afin de ne pas pénaliser la production du champ où ces boutures sont coupées. Si la replantation des boutures ne peut être effectuée immédiatement, il faudra stocker les bois à la verticale en fagots dans un endroit frais, ombragé et aéré en assurant un bon contact de la base des tiges avec le sol propre et frais. Ces bois se conservent sans problème plus d'un mois. Plus les bois sont longs, meilleure sera la conservation. Après le premier mois, les bourgeons apicaux puis de jeunes feuilles apparaissent d'abord sur les parties hautes lorsque les bois sont conservés à la verticale, sur toute leur longueur quand ils sont obliques. Au moment de la préparation des boutures, il est préférable d'éliminer les parties ayant bourgeonné, d'où l'intérêt de conserver les bois le plus verticalement possible.

Un pied donne d'autant plus de boutures que l'âge de la plante est élevé. Des essais réalisés par le CIAT en Colombie ont montré que, toutes conditions égales par ailleurs, le nombre moyen de boutures par tige passe de 5 à 11 lorsque les tiges sont coupées respectivement à 7 et 12 mois après plantation. Globalement, on peut considérer un taux moyen de 10 boutures utilisables par pied mais ce nombre peut atteindre plus de 30 dans certaines conditions. On prélève les boutures de préférence sur les parties intermédiaires de la plante. On évite les extrémités des rameaux dont le bois est encore vert et, de ce fait, sujet à la dessiccation, ainsi que les parties basales des plantes âgées qui sont souvent très lignifiées et ont perdu leur vigueur germinative.

Comme tout matériel de multiplication végétative, les boutures sont susceptibles de transmettre nombre de pathogènes et de ravageurs. En plus d'une sélection rigoureuse sur des plantes d'apparence saine, il est parfois nécessaire de prévoir un traitement fongicide-insecticide par immersion de quelques minutes des boutures dans une solution désinfectante. Différentes matières actives sont utilisables en fonction des disponibilités et de la réglementation locale (chapitre 4 – Les bio-agresseurs). La thermothérapie par trempage des boutures dans de l'eau chaude à 49 °C durant 49 minutes est également une alternative à l'utilisation de pesticides chimiques contre certains bio-agresseurs, notamment la bactériose vasculaire (*Xanthomonas* ssp.), la pourriture des racines (*Phytophtora* spp.), et différents insectes et cochenilles.

Quatre paramètres sont importants à considérer pour planter correctement les boutures : la profondeur de plantation, leur longueur, leur position et leur espacement. Il est conseillé d'enterrer les boutures entre 5 et 10 cm. Dans le cas d'une plantation plus profonde, la récolte sera plus difficile, dans le cas d'une plantation plus superficielle les boutures risquent d'être facilement déterrées par l'eau de ruissellement ou de développer un enracinement trop superficiel favorisant la verse.

Dans la pratique, on coupe des boutures mesurant 20 à 30 cm ou comportant 4 à 6 nœuds, prélevées sur les parties bien lignifiées (aoûtées) des plantes-mères. En deçà de 4 nœuds, le rendement des plantes chute rapidement, au-delà, il n'y a pas d'augmentation significative de rendement (photo 31, cahier couleur).

En culture manuelle, la bouture peut être plantée de différentes manières (verticale, oblique, horizontale) (figure 15) selon les conditions et les traditions locales. Les boutures horizontales placées sous 5-10 cm de terre donnent des racines plus nombreuses mais de moindre poids que celles plantées en oblique ou à la verticale et non entièrement enterrées. Les boutures plantées à la verticale sont cependant plus sujettes au dessèchement en cas de manque de pluie. À l'inverse on préfère planter les boutures sur billon à la verticale et enterrées sur 4/5ᵉ de leur longueur en cas de risque d'engorgement du sol. Une plantation verticale donne généralement une seule tige moins sensible à la verse alors qu'une plantation à plat provoque l'apparition de plusieurs tiges plus courtes (photo 32, cahier couleur). Un placement oblique facilite la récolte. Des essais en Chine et en Colombie ont montré que la plantation verticale donne un meilleur taux de reprise des boutures notamment en cas de pluviosité limitée après la plantation, alors qu'à plat (ou oblique) le rendement final est plus élevé. Enfin, il est important de veiller à placer les boutures avec l'extrémité apicale vers le haut (« à l'endroit »), la plantation « à l'envers » donnant des tiges plus grêles.

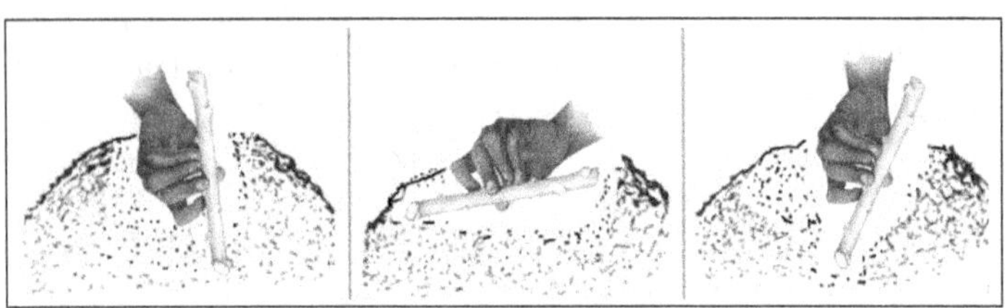

Figure 15.

Les techniques de plantation des boutures de manioc :
verticale, horizontale, oblique.

En plantation verticale, la bouture est enterrée aux 2/3 afin de favoriser un développement profond des racines tubérisées pour assurer un bon ancrage de la plante.
En plantation horizontale, la bouture est complètement recouverte. Cette technique favorise le nombre de racines tubérisées mais celles-ci sont plus petites.
La plantation oblique est recommandée en sol plus lourd favorisant un développement groupé des racines tubérisées.

La densité de plantation et l'espacement entre boutures varient selon les systèmes considérés. Les densités usuelles oscillent entre 10 000 et 20 000 plantes/hectare. En culture pure, les intervalles entre lignes varient généralement de 0,8 à 1,2 m pour faciliter le désherbage ; l'espacement sur la ligne varie de 0,6 à 1,0 m. Dans certains systèmes, la plantation se fait en ligne jumelées (0,8-1,2 × 0,8 m). En culture de manioc associée à une autre culture, on observe parfois des densités de trouaison plus faibles (5 000 à 7 000) avec 2 à 3 boutures par emplacement. La plantation conjointe de plusieurs boutures n'est souvent pas nécessaire grâce au bon taux de reprise du manioc, sauf en cas de boutures de faible qualité ou de risque lié aux termites.

En culture mécanisée largement répandue dans certaines régions d'Amérique du Sud et d'Asie il existe une large gamme de planteuses, notamment d'origine brésilienne ou chinoise, utilisables pour plantation à plat ou sur billon (photos 33 et 34, cahier couleur). Ces machines plantent de 2 à 3 lignes par passage. Elles sont servies par autant d'ouvriers embarqués qui découpent les tiges en morceaux de longueur désirée et introduisent les tiges au fur et à mesure. L'espacement entre lignes est réglable entre 0,8 et 1,2 m, l'espacement entre boutures entre 0,4 et 1 m. Les boutures sont généralement positionnées à plat, mais il existe des machines qui peuvent planter verticalement ou en oblique. Les planteuses à deux rangs plantent environ 0,8 ha/heure avec trois ouvriers (un conducteur de tracteur et deux opérateurs), celles à trois rangs jusqu'à 1,2 ha/heure avec quatre personnes.

Les méthodes de multiplication rapide

Il existe plusieurs méthodes pour augmenter le taux de multiplication usuel qui reste assez bas, voisin de 10. Ces méthodes demandent une technicité et des équipements qui, dans la plupart des situations, ne sont pas à la portée des agriculteurs. Elles sont utilisées par les centres de recherche ou les services de vulgarisation agricole pour diffuser rapidement de nouvelles variétés. Elles pourraient être mises en œuvre par des pépiniéristes spécialisés (entreprises privées ou coopératives de service) le jour où un marché existera pour ce type de prestation, comme ce pourrait être le cas dans les bassins de production intensive destinée à l'industrie de transformation du manioc.

Les mini-boutures (Mini Stem Cuttings)

Cette technique est basée sur la multiplication de boutures à 2 nœuds prélevées sur des tiges bien lignifiées (aoûtées). Sur une plante de 12 mois bien développée on prépare environ 100 mini-boutures. Les fragments de tiges sont mis à germer à l'horizontale avec une densité de 10 × 10 cm dans un substrat de type terreau maraîcher, de préférence sous châssis fermé pour assurer une hygrométrie élevée et constante. En climat très humide, de simples plates-bandes conviennent.

Une alternative est de placer les mini-boutures individuellement dans des sachets en polyéthylène noir remplis de terre à une profondeur de 5 cm. Celles-ci sont repiquées au champ après 4 à 6 semaines en pépinière. L'arrosage doit être arrêté 2 semaines avant la transplantation pour endurcir les boutures, puis repris abondamment la veille de la transplantation pour éviter d'endommager le système racinaire à l'arrachage.

Les plants sont plantés à des écartements de 50 × 100 ou 50 × 50 cm selon leur développement. Les parcelles ainsi plantées serviront de parc à bois pour fournir des boutures conventionnelles.

L'induction de pousse (Shoot Induction)

Cette méthode est dérivée de la préparation des mini-boutures mais avec un taux de multiplication bien supérieur. Les fragments de tige sont préparés et mis à germer comme précédemment. Lorsque les pousses issues des nœuds ont 10 cm de haut elles sont coupées avec une lame de rasoir à 1 cm de la bouture. On répète l'opération à chaque repousse toutes les 3 semaines ; en moyenne une mini-bouture portant 2 nœuds donnera 8 pousses.

Immédiatement après la coupe, les pousses sont débarrassées de leurs feuilles inférieures en ne laissant que la couronne apicale ; la base des pousses est sectionnée juste au-dessus d'un bourgeon pour stimuler l'apparition des racines. Ces pousses sont ensuite mises dans des pots d'eau froide stérilisée pour arrêter l'écoulement du latex et placées en chambre humide ou sous châssis. Après 2 à 3 semaines, les racines sont suffisamment développées pour la transplantation, soit en plate-bande soit en sachet de polyéthylène (voir « mini-boutures »). Il est préférable de laisser les plantules se développer sous serre *insect-proof*.

Entre la coupe des pousses et la plante adulte, il faut compter 12 mois.

Cette méthode permet de produire 8 000 boutures à partir d'une seule plante-mère.

Bouturage de feuille et bourgeon (Leaf-and-Bud Cuttings)

Cette méthode demande une technicité et des équipements plus importants mais permet un taux de multiplication élevé. On prélève d'abord à l'aide d'un bistouri sur des plantes de manioc de 4 mois des feuilles bien

développées avec un petit morceau de tige. Les folioles sont ensuite taillées à la moitié de leur longueur. Ces mini-boutures sont ensuite trempées dans un récipient d'eau froide pour stopper l'écoulement du latex, puis transplantées sur du sable grossier stérile et placées en chambre humide pour favoriser le développement des racines. Lorsque celles-ci ont 1 cm de long (à environ 2 semaines), ces mini-boutures sont transplantées sur un substrat solide (type terreau) en sac plastique et laissées 3 semaines sous serre ou sous châssis pour acclimatation. Les plantules sont ensuite transplantées au champ ou en serre plus grande. Après 5 mois, on obtient des plantes assez développées pour servir de plantes-mères à un nouveau cycle de prélèvement de feuilles.

Cette technique permet de produire en 18 mois et 3 cycles jusqu'à 60 000 boutures à partir d'une seule plante-mère initiale.

La multiplication rapide du manioc par recépage

Le recépage consiste en un prélèvement de boutures sur les plantes en cours de végétation sans affecter significativement la quantité et la qualité des racines à la récolte. La technique repose sur des techniques culturales habituelles et elle est appliquée sur des parcelles pures de manioc.

La date de plantation constitue une étape importante de la multiplication par recépage. Étant donné que le processus requiert la replantation des boutures prélevées en cours de végétation, cette période de prélèvement doit coïncider avec la saison pluvieuse. Le recépage intervient 5 à 6 mois après plantation en régime de pluies monomodal et 6 à 7 mois après plantation en régime bimodal.

Le recépage consiste à couper toutes les tiges des plantes à 10 cm du sol à l'aide d'une machette. Cependant, les racines tubérisées de la plante-mère ne sont pas récoltées lors du recépage. Les tiges coupées sont découpées en boutures de taille normale de 20 à 30 cm ou 4 à 6 nœuds. Celles-ci sont replantées sur une nouvelle parcelle préparée à cet effet. La nouvelle plantation peut être recépée au bout de 6 à 8 mois après plantation. Lors de la récolte des racines tubérisées de la première plantation, 7 à 8 mois après recépage, les tiges régénérées sont coupées tandis que les racines tubérisées sont extraites du sol. Les tiges coupées sont découpées en boutures de taille normale. Celles-ci sont replantées sur une nouvelle parcelle.

Au bout d'un cycle de 14 à 15 mois après plantation (plantation-recépage-récolte), cette technique permet de passer d'un hectare à plus de 35 hectares, alors qu'en condition classique (plantation-récolte), à partir d'1 hectare de plantation initiale, on peut replanter 10 hectares. Cela triple le taux de multiplication en préservant aussi les racines tubérisées. La technique est simple et facilement pratiquée par les agriculteurs et les producteurs de boutures.

Dates de plantation

Dans les systèmes traditionnels paysans, le manioc est planté en début de saison des pluies, période qui assure le meilleur démarrage et la croissance la plus rapide de la culture. En zone d'altitude où les températures peuvent descendre en-dessous de zéro, les plantations ne débutent que lorsque le risque de gel est passé. Parfois cependant, les plantations sont aussi effectuées en fin de saison des pluies pour étaler la production.

Ainsi, en Thaïlande, où l'essentiel de la production est destinée aux usines d'extraction d'amidon, la période principale de plantation a lieu en début de saison des pluies (mars à mai) suivie d'une deuxième période en fin d'hivernage (octobre à novembre). Le manioc étant récolté entre 9 et 12 mois après plantation, ce calendrier de plantation assure un approvisionnement quasi continu sur l'année. Il y a cependant un creux d'approvisionnement entre les mois de mai et de juillet, période au cours de laquelle beaucoup d'usines ferment 2 ou 3 mois pour la maintenance annuelle. Certains agriculteurs plantent aussi pendant la saison sèche en décembre-janvier et obtiennent des rendements plus faibles, mais ces plantations nécessitent moins de travail en raison d'un enherbement moins fort, et les prix de vente de ces récoltes sont plus élevés.

La gestion de l'enherbement

La maîtrise de l'enherbement ne doit pas se raisonner au niveau d'une seule culture mais à l'échelle du système de culture, compris comme une combinaison de techniques culturales et de succession de cultures en fonction du type de sol et du climat. Le précédent cultural est souvent une variable essentielle de l'enherbement et donc du choix des techniques de désherbage. Une culture venant après défriche de jachère forestière longue ne subit pas la même pression d'adventices que celle venant après plusieurs cycles de culture, surtout si la même espèce est répétée. Dans le premier cas d'une culture après jachère forestière longue, se développent des recrûs forestiers à croissance lente, peu compétitifs face au manioc. Dans le second cas, la pression d'adventices risque d'être forte avec des espèces agressives à croissance rapide.

Effets de la concurrence des mauvaises herbes

Comme beaucoup de cultures, le manioc est sensible à la concurrence des mauvaises herbes surtout en début de cycle : compétition pour la lumière, l'eau et les éléments nutritifs.

La compétition pour la lumière intervient surtout en début de cycle lorsque les adventices à croissance rapide, telle qu'*Euphorbia heterophylla* ou *Digitaria horizontalis*, peuvent dépasser les jeunes plants de manioc et leur faire de l'ombrage. Le développement assez lent des boutures les rend sensibles pendant les 3 ou 4 premiers mois jusqu'à ce que leur feuillage réduise suffisamment la lumière sous leur couvert. Les cultivars à ramification précoce ont sur ce point un avantage comparatif.

La compétition pour l'eau est variable selon l'environnement et la pluviométrie. Ainsi en Indonésie avec une pluviométrie de 3 000 mm/an, la culture intercalaire de *Stylosanthes guianensis*, légumineuse herbacée, semi-érigée (1 à 1,5 m de hauteur) et non volubile, ne provoque pas de baisse de rendement de manioc, en comparaison d'une culture de manioc maintenue propre.

La composition de la flore que l'on rencontre dans les champs de manioc dépend de l'environnement (sol, climat) et de l'histoire parcellaire. Parmi les espèces fréquemment citées comme très agressives pour le manioc, celles qui posent le plus de problèmes sont : chez les graminées, *Imperata cylindrica*, *Panicum maximum*, *Pennisetum* spp., *Rottboelia cochinchinensis;* chez les cypéracées, *Cyperus rotundus* et *Commelina* spp.; chez les dicotylédones *Borreria alata*, *Chromolaena odorata*, *Mimosa invisa* et *Mucuna pruriens* (IITA, 1990).

Le sarclage

En l'absence d'herbicide, il faut souvent pratiquer 3 à 4 sarclages, le premier vers 3 ou 4 semaines après plantation, puis ensuite au 2e, au 4e et au 7e mois. En Afrique, le sarclage manuel nécessite plus d'une trentaine de journées/hectare pour assurer un désherbage correct, faute de quoi des baisses de rendement de plus de 50 % sont observées. Le désherbage mécanique en culture attelée ou mécanisée à l'aide d'outils à dents ou à disques est généralement possible jusqu'au 3e mois, tant que les plants de manioc sont assez souples (1,0 à 1,5 m de hauteur) pour ne pas être trop endommagés par le passage des outils. On utilise parfois un tracteur enjambeur adapté ou un petit tracteur à voie étroite, dans le cas de plantation en lignes jumelées à interlignes importants (1,20 m).

Les herbicides

Plusieurs matières actives peuvent être utilisées pour le désherbage du manioc. Les herbicides de prélevée peuvent être appliqués tant que les bourgeons des boutures ne sont pas développés, soit environ 3 jours après plantation. Dès qu'ils apparaissent, il est impératif de traiter par une application dirigée avec un cache. Les herbicides sélectifs de post-levée, comme l'anti-graminée fluazifop-butyl, sont à appliquer sur des adventices jeunes (3-5 feuilles) pour être efficaces. Le tableau 21 propose une liste des matières actives couramment utilisées sur manioc avec leur degré de sélectivité pour cette plante. Il faut vérifier que leur utilisation est légale selon la législation locale et il est fortement conseillé de suivre les recommandations des fabricants en fonction notamment du type de sol (texture, matière organique…) et des conditions climatiques.

Tableau 21. Principales matières actives utilisables pour le désherbage du manioc en culture pure.

Matière active	Doses usuelles de matière active (kg/ha)	Sélectivité sur le manioc	Époque d'application par rapport au stade des adventices
Alachlore	2,0-3,0	Forte	Prélevée
Diuron	1,6-2,4	Moyenne	Prélevée
Fluométuron	3,2-4,0	Moyenne	Prélevée
Linuron	1,0-1,5	Moyenne	Prélevée
Métribuzine	0,6-1,0	Moyenne	Prélevée
Oxyfluorfène	0,5-1,0	Moyenne	Prélevée
S-métolachlore	2,0-3,5	Forte	Prélevée
Trifluraline	1,2-1,7	Forte	Incorporation avant plantation
Diuron + alachlore	0,8 + 1,0 / 1,2 + 1,3	Moyenne	Prélevée
Fluométuron + alachlore	0,8 + 1,5 / 1,2 + 1,3	Moyenne	Prélevée
Linuron + alachlore	0,5 + 1, 0 / 0,75 + 1,3	Moyenne	Prélevée
Diuron + S-métolachlore	0,8 + 1,5 / 1,2 + 2,0	Moyenne	Prélevée
Oxyfluorfène + S-métolachlore	0,25 + 1, 5 / 0,4 + 2,0	Moyenne	Prélevée
Oxyfluorfène + alachlore	0,25 + 1,3 / 0,4 + 1,3	Moyenne	Prélevée
Fluazifop-butyl	0,25-0,75	Forte	Postlevée

Tableau 22. Formulations herbicides pour le désherbage du manioc en culture associée.

Matière active	Doses usuelles de matière active (kg/ha)	Époque d'application	Cultures associées possibles
Oxadiazon + alachlore	0,25 + 0,80 /0,50 + 1,50	1 à 2 semaines avant ou après plantation	Riz
Diuron + alachlore	0,80 + 0,80 / 1,20 + 1,50	Postplantation	Maïs, taro
Oxyfluorfène	0,25-0,50	1 à 2 semaines avant ou après plantation	Arachide

À noter que les herbicides non sélectifs de postlevée (par exemple, le glyphosate ou glufosinate-ammonium) doivent être appliqués avec un cache en interligne jusqu'à 3 mois après plantation, afin de ne pas toucher le feuillage des jeunes plantes de manioc. Après ce stade, les pulvérisations peuvent se faire en plein à condition de ne pas toucher le feuillage du manioc.

Dans le cas de cultures associées, un certain nombre de formulations sont utilisables (tableau 22).

La sélection de variétés tolérantes aux herbicides

À l'instar des recherches conduites sur d'autres « grandes cultures » (maïs, cotonnier, soja, tabac, tournesol, tomate…), des travaux sont actuellement en cours pour sélectionner des variétés de manioc résistantes aux herbicides par mutations dirigées et par voie conventionnelle. Le CIAT en Colombie mène depuis l'année 2009 de telles recherches par des voies non transgéniques. La première voie de sélection est fondée sur l'induction de génotype S1 par autopollinisation. La seconde voie utilise les techniques d'identification de gènes par marqueurs moléculaires appelée *Tilling* (pour les mutations induites) et *Ecotilling* (pour les mutations naturelles). Le criblage de la résistance à différents herbicides a permis d'identifier à ce jour au moins un cultivar prometteur avec une bonne tolérance au glufosinate-ammonium (Ospina et Ceballos, 2012).

La fertilisation

L'apport d'engrais est encore relativement peu pratiqué sur les cultures de manioc dans le monde. La capacité de cette plante à produire avec un rendement acceptable, même sur sol pauvre, a laissé penser que la fertilisation n'était pas indispensable pour le manioc, dont les prélèvements nets en nutriments sont relativement modestes pour les rendements faibles et lorsque seules les racines sont exportées. Le fait que sa culture soit en grande majorité réalisée par de petits producteurs pauvres ayant difficilement accès aux intrants n'a bien sûr pas contribué à modifier cette situation. Cependant, de très nombreuses expérimentations à travers le monde ont démontré que le manioc répondait généralement bien à la fertilisation chimique. Si, en culture traditionnelle et itinérante, la fertilisation est encore accessoire ou justifiable uniquement à des doses très modestes, en culture plus intensive, à finalité commerciale comme celle qui se développe pour l'approvisionnement de l'industrie de l'amidon, il devient nécessaire de compenser les exportations par des apports réguliers de fertilisants.

Prélèvements en nutriments du manioc comparés à d'autres plantes

Les données de comparaison des exportations du manioc avec celles d'autres plantes alimentaires (tableau 23) contredisent l'idée fréquemment émise selon laquelle le manioc serait une culture épuisante qui prélève énormément d'éléments nutritifs dans les sols.

Tableau 23. Exportations moyennes d'azote, de phosphore et de potassium, pour différentes cultures (par quantité de produits récoltés) (d'après Howeler, 1991).

Culture (% moyen de matière sèche)	Rendement Frais (t/ha)	Rendement Sec (kg/ha)	Exportations (kg/ha) N	P	K	Exportations (kg/t de matière sèche récoltée) N	P	K
Manioc-racines (38 %)	36,0	13,5	55	13,0	112	4,5	0,8	6,6
Patate douce (20 %)	25,0	5,0	61	13,0	97	12,0	2,6	19,2
Maïs grain (86 %)	6,5	5,6	96	17,0	26	17,3	3,1	4,7
Riz paddy (86 %)*	4,6	4,0	60	7,5	13	17,1	2,4	4,1
Sorgho grain (86 %)	3,6	3,1	134	29,0	29	43,3	9,4	9,4
Arachide graine (86 %)	1,5	1,3	105	6,5	35	81,4	5,0	27,1
Soja grains (86 %)	1,0	0.9	60	15,3	67	70,0	17,8	78,0
Canne à sucre (tiges fraîches 26 %)	75,0	19,5	43	20,0	96	2,3	0,9	4,4

Même pour un rendement élevé (36 t/ha), les prélèvements du manioc en azote et phosphore du sol sont inférieurs à ceux de la plupart des autres cultures tropicales, alors que le prélèvement en potassium est bien supérieur à celui des céréales ou des légumineuses et équivalent à celui de la canne à sucre et de la patate douce. En comparaison des autres produits récoltés, les racines de manioc prélèvent (par tonne de matière sèche récoltée) beaucoup moins d'azote et de phosphore et moins ou un niveau comparable de potassium.

Le caractère résilient de la culture du manioc est comparé à celui des céréales, notamment dans un essai au Vietnam par rapport au riz pluvial (figure 16). Après quatre années de culture continue au Vietnam, le rendement en riz pluvial, au départ de 2,5 t/ha, devient nul alors que celui du manioc représente encore près de 40 % des 19 t/ha de départ.

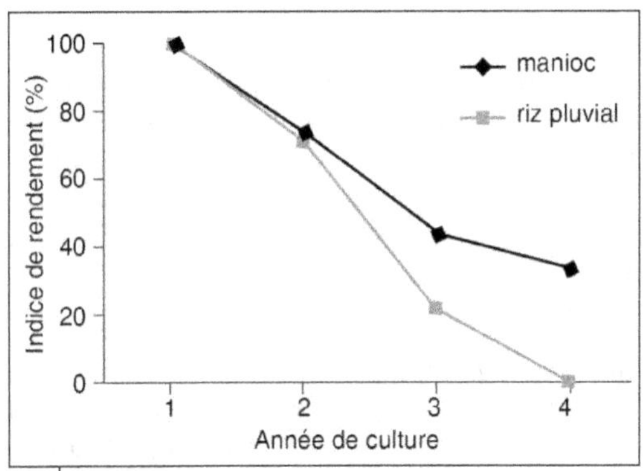

Figure 16.
Évolution comparée du rendement du manioc et du riz pluvial, en conditions de baisse de fertilité en culture continue sans fertilisation (d'après Ospina et Ceballos, CIAT 2012).

L'indice 100 correspond à un rendement de 19 t/ha pour le manioc et à 2,5 t/ha pour le riz.

Culture du manioc et pratique de la jachère

Dans les systèmes traditionnels en culture itinérante sur défriche-brûlis, les agriculteurs misent sur les jachères longues (de 10 à 30 ans) pour reconstituer la fertilité du sol. Après défriche et brûlis, ils cultivent quelques années (de 2 à 5 ans) puis laissent le champ en repos durant une longue période pendant laquelle la végétation se reconstitue jusqu'à obtenir un couvert forestier plus ou moins dense.

Des essais menés par le CIAT chez des petits paysans dans le département du Cauca en Colombie ont montré que la durée de la jachère n'a pas d'effet constant sur le rendement du manioc, les durées les plus courtes donnant parfois les rendements les plus élevés (figure 17). L'apport de phosphore seul a souvent, mais pas systématiquement, un effet positif sur le rendement. En revanche, quelle que soit la durée de la jachère, l'apport répété d'engrais NPK a un effet positif croissant sur le rendement avec le temps.

Sur ces sols pauvres et dégradés, la jachère naturelle seule ne permet pas, même après de longues périodes (plus de 15 ans), de restaurer la fertilité du sol et le rendement du manioc stagne autour de 8 t/ha (et même souvent beaucoup moins), valeur qui est d'ailleurs celle des cultures de manioc de nombreux petits producteurs à travers le monde.

Les apports d'engrais

Sur les sols sans contraintes particulières, les apports d'engrais doivent être calculés de façon à compenser les exportations nettes en nutriments. Lorsqu'une ou des carences particulières sont connues ou suspectées, les doses devront être ajustées en conséquence. En cas d'apport d'engrais chimique, les recommandations les plus courantes sont les suivantes : utiliser des engrais complets NPK, avec les proportions de type 2-1-2, 3-1-2, 2-1-3, comme par exemple un engrais composé NPK 15-7-20.

Ainsi, pour un rendement attendu de 30 t/ha sur des sols sans carences notables et en système de culture sédentarisé, on pourra apporter :
– si les racines seules sont récoltées : 0-80 kg/ha N, 30-40 kg/ha P_2O_5 et 80-100 kg/ha K_2O ;
– si en plus les parties aériennes sont retirées du champ, augmenter les doses jusqu'à : 120-140 kg/ha N, 75 kg/ha P_2O_5 et 180-200 kg/ha K_2O.

Pour limiter les pertes par lessivage, il est recommandé de fractionner les apports d'engrais. Si on utilise des engrais simples comme l'urée (46 % N) pour l'azote, le superphosphate simple (16-24 % de P_2O_5) ou triple (46 %) pour le phosphore, le chlorure (KCl à 60 % de K_2O) ou le sulfate de potassium (K_2SO_4 à 50 % de K_2O), il est recommandé d'apporter tout le phosphore et la moitié de l'azote et du potassium à la plantation et le reste d'azote et de potassium après 2 à 3 mois, au moment où le manioc est à sa vitesse de croissance maximale et où s'initie la tubérisation. Si on utilise des engrais phosphatés très solubles comme le phosphate di-ammoniaque (DAP à 48 % de P_2O_5), il est préférable de fractionner également l'apport.

À la plantation, l'engrais doit être appliqué en bandes sur 20-30 cm de long et 4-5 cm de profondeur, à 20 cm de la ligne de plantation des boutures. L'application localisée de l'engrais, par rapport à une application à la volée sur tout le champ, a l'avantage de limiter son détournement par les mauvaises herbes.

Pour limiter les pertes en azote par volatilisation et lessivage, l'utilisation d'urée «supergranule» donne de bons résultats. Selon la FAO (2013), des essais réalisés en Inde ont montré une augmentation de 27 % des rendements en racines fraîches avec l'urée compressée en supergranules de 2 à 4 g par rapport à l'urée granulée ordinaire. L'utilisation de ces supergranules en agriculture mécanisée demande cependant des machines adaptées.

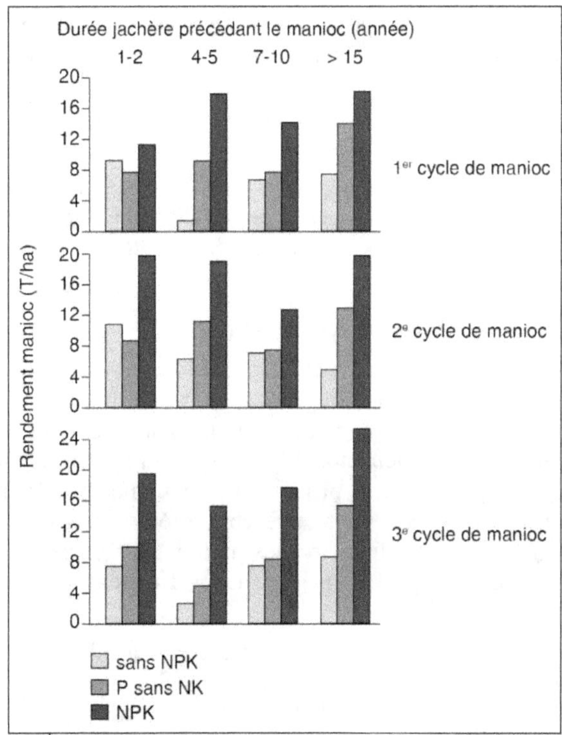

Figure 17.
Effet des durées de jachère sur le rendement de trois cultures successives de manioc à différents niveaux de fertilisation (FAO, 2001). http://www.fao.org/docrep/007/y2413e/y2413e0b.htm)

Le rôle de la matière organique

L'accès aux engrais reste souvent difficile pour beaucoup de petits paysans, et les fertilisants organiques produits localement peuvent être une alternative ou un complément aux engrais chimiques. De plus, outre leur effet sur la nutrition des plantes, les amendements organiques ont des effets bénéfiques sur la structure du sol, la rétention en eau et l'activité microbienne des sols, éléments importants pour donner aux plantes de bonnes conditions de croissance et les rendre plus résilientes aux perturbations extérieures.

Le manioc répond généralement bien à des apports de matière organique, d'autant plus que le sol en est au départ faiblement pourvu. Cependant il est difficile de distinguer ce qui est dû aux effets physiques bénéfiques sur la structure du sol (circulation de l'air et de l'eau) et ceux relatifs à l'apport de nutriments. Des expérimentations à Madagascar ont montré, sur sol pauvre de *tanety*, produisant environ 5 t/ha de racines de manioc sans apport, que la production augmente d'environ 1 t/ha par tonne de fumier apportée, pour atteindre près de 40 t/ha.

Dans le monde, différentes sources de matière organique sont utilisées selon les disponibilités locales : fumier d'étable ou de porcherie, poudrette de parc, fumier de volaille, etc. Leur teneur en éléments fertilisants est très variable (tableau 24).

Les engrais verts enfouis ou en culture associée

L'utilisation des engrais verts a été largement étudiée et promue par la recherche pour améliorer la gestion de la fertilité des sols, mais elle n'a pas encore été adoptée à grande échelle par les agriculteurs. Cette technique demande en effet des outils d'enfouissement mécanique que peu de petits producteurs de manioc possèdent. Les engrais verts restent cependant une voie intéressante d'apport de matière organique dans les parcelles, notamment en l'absence de sources d'engrais d'origine animale, ce qui est fréquent dans les zones tropicales humides.

L'utilisation d'engrais vert consiste à semer avant la culture principale une autre plante, généralement une légumineuse (herbacée ou à graine, pure ou en mélange), mais pas exclusivement, pour l'incorporer après quelques mois dans le sol avant la mise en place de la culture principale. L'engrais vert peut également être semé en culture intercalaire entre les lignes de manioc avec ou sans enfouissement ultérieur. L'effet bénéfique de l'engrais vert seul, en termes d'activité

biologique du sol, est cependant d'assez courte durée et s'atténue au-delà de 3 mois s'il n'est pas reconduit.

Des essais menés par le CIAT en Colombie ont montré des effets positifs de l'engrais vert sur le rendement en racines du manioc, notamment en l'absence de fertilisation chimique. Des comparaisons ont été réalisées entre différentes sources d'engrais vert : niébé, arachide, pois d'Angole (*Cajanus cajun*), enfouis après récolte des grains à 4 mois, *Mucuna pruriens*, *Canavalia* sp., *Zornia latifolia*, *Pueraria phaseoloides*, coupés et enfouis à 6 mois. Le manioc a été planté un mois après l'enfouissement avec ou sans engrais chimique. L'effet de l'engrais chimique a été le plus fort mais en son absence, l'engrais vert a induit une augmentation significative du rendement en manioc.

Tableau 24. Teneurs en éléments chimiques majeurs de quelques amendements organiques courants (d'après Agromisa, 2005).

Source de matière organique	Nutriments (en %)				
	Azote	**P_2O_5**	**K_2O**	**CaO**	**C/N**
Fumier de bovin frais	0,3	0,3	0,1		
Fumier de bovin sec, poudrette	2,0	1,5	2,0	4,0	2,0
Fumier frais de petits ruminants	0,6	0,6	0,3	0,3	
Fumier sec de petits ruminants	2,0	1,5	3,0	2,0 /5,0	
Fumier de volaille sec	4,0-5,0	2,0-3,0	1,2	1,0	5,6
Lisier de porc frais	1,6	0,5	0,5		
Lisier de porc sec	-	5,5	1,5	4,1	11
Résidus végétaux					
Drêches de brasserie	4,0				15
Coques cacao	1,0	1,0	3,0		
Pulpe de cerise de café	1,0	-	0,8	0,8	
Tige de maïs	0,8	0,2	1,4	0,2	70
Tige de sorgho, de mil	0,7	0,1	1,4	0,4	70
Paille de riz	0,7	,01	1,0	0,3	100
Bagasse de canne à sucre	0,3				150
Coques d'arachide	1,3	0,1	0,6	1,4	
Crotalaire séchée	2,0	0,2	1,0	0,8	

Les effets les plus marqués ont été obtenus avec l'arachide, puis avec les légumineuses fourragères pérennes *Zornia* et *Pueraria*. Sur sol pauvre très sableux, un apport de 3 à 4 t/ha de paillis ou mulch d'adventices locales, mélangeant des graminées hautes et des légumineuses rampantes, a donné un effet équivalent à l'apport de 500 kg/ha de NPK 15-15-15.

La conduite de plantes en engrais vert en culture associée, semées en même temps que la plantation des boutures de manioc, est également une autre possibilité. Les plantes de l'engrais vert à croissance rapide sont coupées après 2-3 mois et laissées comme paillage sur place dans l'inter-rang des lignes de manioc. Les légumineuses herbacées *Canavalia ensiformis* et *Cortalaria juncea* ont donné de bons résultats avec cette technique en termes d'augmentation du rendement en racines de manioc. L'apport depuis l'extérieur de tiges de *Tithonia diversifolia*, un tournesol sauvage pantropical, ou de *Chromolaena odorata* (connu sous le nom d'eupatoire ou herbe du Laos) sur les parcelles de manioc a également donné de bons résultats.

Les apports de fumiers et de composts

Les fumiers d'origine animale sont des sources très appréciées d'apport organique en agriculture lorsqu'ils sont disponibles dans des systèmes intégrés d'agriculture-élevage. Les composts végétaux sont aussi un amendement organique appréciable mais sont souvent limités à de petites exploitations de type horticole car ils demandent des manipulations importantes en agriculture non mécanisée, difficilement compatibles avec la disponibilité en main-d'œuvre.

Des essais menés par l'IITA en Afrique tropicale humide ont montré qu'une combinaison de 3 à 5 t/ha de fumier ou de compost avec une fertilisation NPK équilibrée est la technique la plus efficace pour obtenir des rendements élevés tout en maintenant la fertilité du sol.

En Indonésie, des essais ont été conduits sur un système de culture de manioc et de maïs en intercalaire. La combinaison de fertilisation chimique et d'un apport de compost ou de fumier de 5 t/ha ont donné les rendements et les marges financières les plus élevés. Par rapport au témoin sans fertilisation, dont le revenu net était très faible (620 IDR/ha avec 1 € = 15 300 IDR), l'apport de 135 kg/ha d'azote combiné à l'apport de 5 t/ha de compost augmente ce revenu net, qui est multiplié par un facteur 11. L'apport de fertilisation chimique NPK (135-50-100) seule permet également de multiplier le revenu par 10 par rapport au témoin. L'effet de la fertilisation organique constitue un investissement qui doit en effet s'apprécier sur le long terme (figure 18).

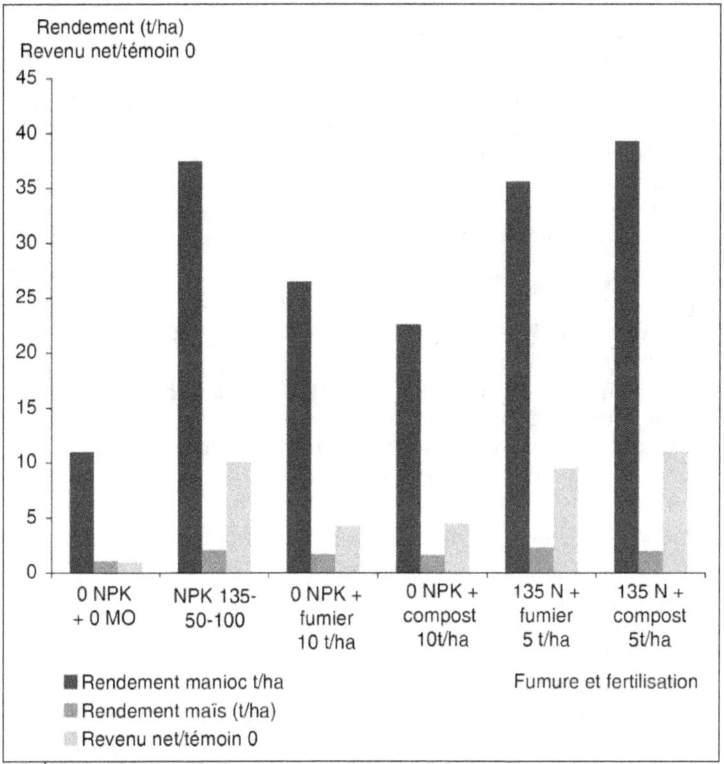

Figure 18.
Effet de la fertilisation organique du système manioc et maïs en interculture sur le rendement et le revenu, Java-est, Indonésie, 2006 (CIAT, 2012).

Les semis sur couverture végétale (SCV)

La technique de semis direct sur couverture végétale (*Direct seeding Mulch based Cropping systems,* DMC) est une technique privilégiée en agriculture de conservation. Elle est fondée sur trois principes :
– pas de travail du sol ;
– couverture permanente du sol par les plantes ;
– rotation et succession de cultures.

Cette technique a pour objectif de limiter l'érosion et le développement des adventices, de favoriser l'apport de matière organique par la plante de couverture et la vie biologique du sol (lombrics et

L'essentiel sur la fertilisation

Les exportations de nutriments par une culture de manioc dépendent du niveau de rendement et des parties récoltées. Lorsque le rendement est faible et que seules les racines sont prélevées, le manioc utilise moins d'azote et de phosphore et autant de potassium que la plupart des autres cultures. Si les feuilles et les tiges sont également récoltées, les exportations de nutriments deviennent au contraire supérieures, en particulier en azote et en potassium.

Lorsque le manioc est cultivé en continu, sans fertilisation extérieure, sur la même parcelle, la culture devient vite réellement épuisante, d'abord pour le potassium, puis pour l'azote, le magnésium et le calcium ; pour le magnesium et le calcium surtout si les parties aériennes sont exportées.

Pour l'absorption du phosphore, le manioc est fortement dépendant des mycorhizes mais une symbiose efficace s'installe naturellement dans pratiquement tous les sols. Cela garantit à la plante une alimentation en phosphore suffisante, même dans les sols qui en sont faiblement pourvus. De ce fait, le seuil critique en phosphore dans les sols est beaucoup plus faible que pour la plupart des autres cultures.

Le manioc est très tolérant aux faibles pH et aux niveaux élevés en aluminium dans les sols, ce qui en fait une culture bien adaptée aux sols acides.

Le manioc répond bien à l'apport d'engrais lorsqu'il est cultivé sur des sols pauvres. Sur des sols très pauvres en phosphore disponible (< 2 ppm), il répond d'abord aux applications de phosphore. Lorsque le phosphore n'est pas ou moins limitant, il répond d'abord aux apports de potassium et d'azote.

Les engrais complets NPK donnent les meilleures réponses pour des ratios de 2-1-2, 3-1-2 ou 2-1-3. Parmi les oligo-éléments, le zinc est le plus important pour la production de manioc.

Le manioc est très tolérant à la sécheresse et peut être cultivé dans des zones à pluviométrie annuelle inférieure à 500 mm. Une fois bien établie, la plante peut survivre à de longues périodes de sécheresse (6-8 mois). Sa croissance est stoppée mais le développement reprend avec le retour des précipitations. Dans ces conditions, les rendements sont bas mais relativement stables, avec un niveau d'exportation en éléments nutritifs faibles.

Une culture de manioc protège peu le sol des phénomènes d'érosion, comparativement à d'autres cultures, notamment en début de cycle, en raison d'une croissance initiale assez lente du feuillage et de l'espacement important entre plantes. Lorsque le manioc est cultivé sur les pentes, et surtout lorsque le sol a une faible stabilité structurale (sols sableux), il est important de prendre les précautions nécessaires pour limiter le ruissellement (maintien d'une couverture du sol, haies, aménagement en terrasses…).

Le manioc peut être conduit en semis direct sous couverture végétale mais demande cependant un décompactage périodique du sol sur la ligne de plantation. Le *Stylosanthes*, comme plante de couverture, donne de bons résultats.

micro-organismes) et de « casser » la chaîne de bio-agresseurs. Elle a été développée avec succès notamment au Brésil, à grande échelle en agriculture mécanisée sur les plantes à graines (céréales, soja). L'introduction de plantes à racines et tubercules comme le manioc dans les systèmes de semis sur couverture végétale est plus complexe à mettre en œuvre en raison du bouleversement du sol qu'elle induit notamment au moment de la récolte.

Des travaux réalisés par le Cirad au Laos (entre 2004 et 2010) ont permis de développer des systèmes de semis direct sur couverture végétale avec le manioc. Plusieurs plantes de couverture ont été testées, notamment la légumineuse *Stylosanthes guianensis* et la graminée *Brachiaria ruziziensis*. Cette dernière, trop compétitive vis-à-vis du manioc, n'a pas donné de bons résultats, contrairement au cas de son association avec le soja. En revanche, le *Stylosanthes guianensis* s'est révélé bénéfique à la production de manioc dans une succession culturale sur deux ans. Il est semé soit au moment de la plantation des boutures de manioc si la pression des adventices est faible, soit après le premier désherbage 20 à 30 jours après la mise en place du manioc. L'ombrage du manioc permet un assez bon contrôle du *Stylosanthes guianensis*. Après la récolte du manioc, *Stylosanthes guianensis* débarrassé de l'ombrage se développe et couvre rapidement le sol. Une culture de maïs ou de riz pluvial est semée lors de la saison des pluies suivante dans le mulch (paillis) de *Stylosanthes guianensis*, au préalable contrôlé par l'utilisation d'un herbicide total à action systémique (figure 19).

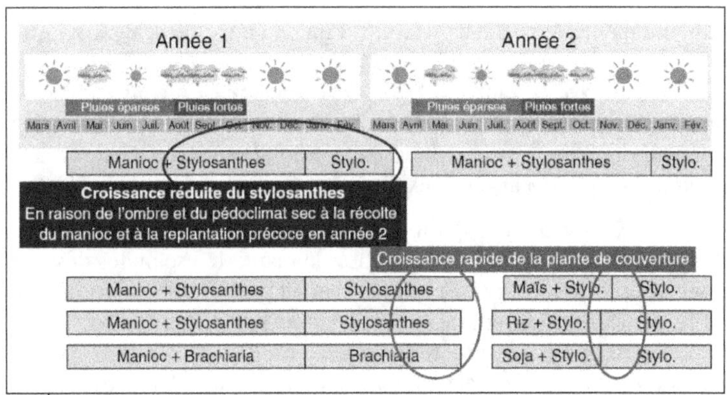

Figure 19.
Exemple de système sur couverture végétale (Cirad *et al.,* 2010).

Cependant, en l'absence totale de travail du sol, le rendement du manioc décline en raison d'une trop forte compaction du sol. Un travail localisé sur la ligne de plantation par passage d'un outil à dents (chisel par exemple) est alors nécessaire pour décompacter le sol.

La récolte et transport

La récolte du manioc, quand elle est manuelle, est l'opération la plus consommatrice de main-d'œuvre (hors défrichement), à laquelle il faut ajouter le transport. Ces deux postes représentent de 30 à 50 % des temps de travaux totaux de cette production (tableau 25). Le transport vers le lieu de consommation ou de transformation doit intervenir rapidement après l'arrachage en raison du caractère périssable des racines qui ne se conservent généralement pas à l'état frais au-delà 2 à 3 jours.

La récolte est toujours précédée par la coupe des tiges (bois) ou élagage, à quelques centimètres au-dessus du sol. En culture manuelle cette coupe se fait à la machette. Elle peut être mécanisée sur les grandes exploitations.

L'intervalle entre la coupe des tiges et la récolte a une influence sur la durée de conservation postrécolte des racines qui commencent à se détériorer moins de 48 heures après avoir été déterrées. Cette déterioration qui se traduit par un noircissement de la chair (striure vasculaire) puis décomposition, est imputable à des modifications physiologiques complexes, et empêche toute conservation à long terme. Un élagage réalisé plusieurs jours avant l'arrachage des racines permet de réduire ce phénomène. Ainsi, on a pu montrer qu'un intervalle de 8 jours entre l'élagage et la récolte réduit de 50 % la détérioration des racines et jusqu'à 65 % avec un intervalle de deux semaines. En contrepartie, la teneur en matière sèche et en amidon des racines diminue durant cet intervalle à un taux de 7 g d'amidon par kilo de matière sèche, soit une diminution de 10 % après deux semaines (Van Oirschot *et al.*, 2000).

La récolte du manioc a l'avantage de pouvoir être largement étalée dans le temps, entre 9 et 24 mois après la plantation selon les destinations des racines. Pour la consommation en frais ou la transformation en produit à forte humidité (*attiéké, bâton*) les racines sont récoltées toute l'année au fur et à mesure des besoins. Pour les transformations nécessitant un séchage à l'air libre (cossette, farine) les arrachages ont plutôt lieu en saison sèche, ce qui demande un effort de travail plus important.

Tableau 25. Temps de travaux observés sur manioc en culture manuelle en Afrique (d'après Sylvestre et Arreaudeau, 1983).

Opération	Durée des tâches : temps de travaux (jours/ha)		
	Savane humide	Forêt humide	Après une autre culture
Défrichement	40	30	–
Préparation du sol	–	–	15
Plantation	20	20	20
Désherbage	20	5	20-35
Récolte (5 - 15 t)	20-35	20-35	20-35
Transport	15-30	15-30	15-30
Total	115-145	90-120	100-130

En récolte manuelle, après l'élagage, les racines sont soulevées par traction ou à l'aide d'un tire-racine comme cela est courant en Asie (photos 39 a et 39b, cahier couleur). En Thaïlande, avec cet outil, un ouvrier récolte en moyenne 1,2 tonne de racines par jour. Pour l'ensemble des opérations de récolte, il faut compter entre 8 et 14 journées de travail par tonne de racines récoltées pour des rendements variant de 15 à 8 t/ha, la productivité journalière décroissant avec le rendement.

En agriculture motorisée, il existe des solutions relativement simples permettant de mécaniser partiellement la récolte. Le système le plus abordable est une récolte partiellement mécanisée avec soulevage des racines à l'aide d'un outil (récolteuse) tiré par un tracteur, suivi d'une séparation des racines du reste de la plante et d'un ramassage manuel. Le soulevage est effectué par une sorte de sous-soleuse à lame horizontale passant sous les racines à 40-60 cm sous le niveau du sol. La lame est parfois prolongée d'un versoir surmonté de tiges qui soulève et sépare partiellement les racines de la terre selon la texture et les conditions d'humidité du sol. Il faut au minimum une force de traction de 90 CV pour tirer ce type d'outil avec une vitesse d'environ 1 ha/heure. D'après le CIAT, ce type de système permet de diviser par deux le coût de main-d'œuvre pour la récolte.

Des machines plus élaborées permettant une récolte mécanisée plus poussée existent et sont utilisées dans de grandes exploitations notamment au sud du Brésil et dans certains pays d'Asie (Malaisie). Les opérations manuelles ne concernent plus alors que la séparation des tiges des racines et leur empaquetage. Les machines de ce type les plus simples sont composées de lames souleuses prolongées par un ou deux tapis mécaniques montant qui font office de tamis pour la terre et déposent les racines à peu près propres sur le sol. Celles-ci sont ensuite reprises et séparées de leur tige à la machette par des ouvriers et mises en sac. Ce type de machine d'un poids de 700 kg permet de récolter environ 5 ha en 8 heures de travail, par exemple, la récolteuse manioc WH 15-2L de la marque Hennipman du Brésil (photo 40, cahier couleur).

Plus sophistiquées sont les machines qui comportent plusieurs tapis mécaniques. Le dernier, posé sur une plateforme dans le prolongement de la machine, fait office de table de travail servie par une douzaine d'ouvriers embarqués qui séparent tiges et racines. Celles-ci tombent ensuite dans des grands sacs d'une capacité de 500 kg qui sont déposés à intervalles réguliers sur le sol et automatiquement remplacés. Ils sont ensuite repris par un camion avec une grue qui les vide dans une benne (par exemple, modèle WH-CM 4000 du même fabricant brésilien). Cette machine de 3,5 tonnes permet de récolter dans de bonnes conditions jusqu'à 10 t/heure de racines. Selon le CIAT le rendement peut atteindre 5 t/jour par travailleur, soit 40 fois plus qu'en système manuel traditionnel (Ospina et Ceballos, 2012).

Une grande variété de systèmes de culture

Les systèmes de culture à base de manioc à travers le monde sont extrêmement variés selon les pays, les climats, les finalités et couvrent une très large gamme de pratiques et de niveau d'intensification. Nous donnerons ci-dessous quelques exemples de systèmes emblématiques sans avoir la prétention de couvrir toute la diversité des situations existantes.

Les systèmes itinérants des zones forestières

L'agriculture itinérante traditionnelle sur brûlis avec jachère longue : exemple en Guyane

Ce type d'agriculture est encore pratiqué dans les zones forestières de certaines régions d'Amérique du Sud et en Afrique centrale, là où les densités de populations sont suffisamment faibles pour permettre des jachères de longue durée (plus de 15 à 20 ans) entre deux périodes de culture.

Ainsi dans le bassin amazonien chez les Indiens Wayapi (photo 35, cahier couleur), qui vivent au Brésil et en Guyane française le long du fleuve Oyapock, mais également chez les populations noir-marron de

Guyane, le manioc est toujours cultivé sur des abattis de forêt dense réalisés chaque année sur les terrasses alluvionnaires bordant les cours d'eau. Chez les Amérindiens, la surface moyenne défrichée par famille est d'environ un hectare dont seulement la moitié est effectivement cultivée, les bordures proches de la forêt et les zones défavorables à la culture étant laissées en jachère. La division du travail agricole entre hommes et femmes est généralement très déséquilibrée. En début de saison sèche (juillet), les femmes coupent les sous-bois puis les hommes abattent les gros arbres (sans les dessoucher) et réalisent le brûlis avant l'arrivée des pluies (octobre-novembre). La plantation et l'entretien des cultures sont ensuite essentiellement réalisés par les femmes dans le cadre de systèmes d'entraide interfamiliaux. Celles-ci se chargent également du transport des racines et de leur transformation pour la consommation. Les boutures de manioc de 30-50 cm de long sont plantées à plat après ameublissement du sol au bâton par groupe de 2 ou 3 sur de petites buttes espacées de 1,5 m, en association avec de nombreuses autres espèces. On compte en moyenne par hectare 5 000 pieds de manioc, 2 000 de maïs, 75 bananiers, quelques dizaines de buttes d'ignames ainsi qu'un peu d'arachide, de haricot, de canne à sucre, de patate douce, de papayer, d'ananas, de taro. Dans ces parcelles, la biodiversité intra-espèce est également importante. Dans les champs de manioc on peut trouver jusqu'à 30 variétés par champ, chacune ayant des caractéristiques spécifiques tant du point de vue agronomique que du point de vue de l'utilisation finale (farine, fécule, *couac*...). Chez les populations d'origine africaine (créoles, noir-marron) dont la production est plus orientée vers la commercialisation que celle des populations autochtones, les parcelles sont plus grandes (0,8 ha) avec des temps de jachère souvent plus courts (moins de 10 ans) et du riz pluvial semé entre le manioc.

La récolte commence avec le maïs et le riz. L'arrachage du manioc commence vers 8 mois après la plantation, à condition que la récolte sur le précédent abattis soit terminée. La récolte se poursuit ensuite toutes les deux semaines environ et s'étend sur plus d'une année. La production a été estimée pour le manioc à 5 t/ha de racines fraîches la première année et 3,5 t/ha l'année suivante avant abandon de la parcelle. À cette récolte, s'ajoutent 250 kg de maïs, 600 à 700 kg de riz, 300 kg de bananes et 125 kg d'ignames.

Ces systèmes, lorsqu'ils sont pratiqués avec une jachère suffisamment longue (de 15 ans et plus), sont relativement durables et permettent une reconstitution rapide du couvert forestier qui démarre dès les premiers mois suivant le brûlis alors que la parcelle est en cours de culture. En effet, les agriculteurs et agricultrices locaux ont soin de ne pas entraver cette reprise par des techniques appropriées : pas de dessouchage, limitation du brûlis aux souches d'arbre, préservation des rejets ligneux dès que le manioc les a dépassés en hauteur (généralement 3-4 mois après la plantation).

Ces systèmes, plus qu'agricoles, peuvent être qualifiés de «végécoles» (Sauer, 1969), terme qui désigne les systèmes de production fondés sur la culture itinérante de plantes majoritairement à multiplication végétative, plantées par propagules (boutures, cormes, tubercules, racines, etc.), généralement par simple trouaison sur brûlis de jachères de longue durée. Les systèmes végécoles, ne pratiquant pas de travail du sol systématique (labour, houage), ont en effet l'avantage d'être moins agressifs pour les sols que les systèmes agricoles «classiques», notamment sur pente forte. Leur gestion est cependant assez complexe et requiert des cultivateurs un savoir-faire important relatif aux différentes espèces et à leur biologie. Ils permettent de produire une alimentation diversifiée et de qualité. Ce mode de culture globalement en expansion se pratique également dans de nombreuses régions du monde très peuplées (deltas d'Asie, vallée du Nil, Caraïbes, région des Grands Lacs en Afrique) y compris en zone périurbaine. Comme le disait M. Mazoyer dans l'ouvrage La plus belle histoire des plantes : les racines de notre vie (Pelt *et al.*, 1999), *«Ces systèmes peuvent inspirer les recherches sur l'agriculture durable du futur et la mise au point de systèmes agro-écologiques (agriculture de conservation, non-labour).»*

En Amazonie, ce type d'agriculture est cependant fortement menacé par l'augmentation de la population et sa concentration sur les axes de communication (routes) et dans les villages sédentarisés sous l'effet des politiques publiques (création d'école, centre de santé, cabine téléphonique...). De plus, l'essor de l'agriculture commerciale souvent associée à des jachères de plus courte durée et au dessouchage des arbres compromet fortement la fertilité des sols et la durabilité de cet équilibre agriculture-forêt.

En Afrique, le manioc est la culture alimentaire de base dans une grande partie de la zone tropicale humide à deux saisons des pluies (distribution bimodale) notamment dans le grand bassin du Congo. Bien qu'importé d'Amérique tropicale (dès le XVIe siècle), le manioc est devenu une culture «traditionnelle» autour de laquelle s'organisent les systèmes de culture vivriers aussi bien en zone forestière dense qu'en zone de savane humide. Les exemples suivants en sont des illustrations.

Le système avec écobuage *maala* : exemple en République du Congo

Le système avec écobuage *maala* pratiqué sur sols ferralitiques dans les savanes du Niari dans l'Ouest de la République du Congo est un bon exemple de système de culture semi-permanente à jachère de moyenne durée. C'est un début d'intensification par rapport au système sur simple brûlis présent dans les zones forestières et proche des systèmes Wayapi de Guyane. Le *maala* consiste à nettoyer à la houe en début de saison sèche (juillet à septembre) les herbes de savane (à dominante d'*Hyparrhenia diplandra*) regroupées en andains, à les enfouir sous des billons larges de terre puis à les brûler (Nzila et Nyété, 1996). Les billons et les interbillons mesurent environ 1 m de large et rarement plus de 20 m de long. Les cultures sont implantées, aussi bien sur les billons écobués qu'entre les billons, aux premières pluies, normalement en novembre. La première année, les paysans plantent du maïs et de l'igname associés au pois d'Angole (*Cajanus cajun*) et à diverses cucurbitacées. La deuxième année, après brûlis et enfouissement superficiel des résidus, le manioc est planté à raison de 2 à 3 boutures par poquets espacés de 1,5 à 2 m en association avec l'arachide. Il est récolté en troisième année. La récolte du manioc est suivie d'une période de jachère de 4 à 6 ans avant la reproduction d'un nouveau cycle cultural. Le système *maala* est relativement performant pour un système sans intrants extérieurs grâce notamment à l'augmentation des teneurs en N, P et bases ainsi qu'à l'élévation du pH du sol qu'il induit grâce à l'écobuage, réduisant les risques de toxicités manganique et aluminique pour les plantes. Les rendements du manioc dépassent souvent les 20 t/ha de racines fraîches, le double des systèmes sans écobuage. Le système *maala* exige cependant un travail important et pénible pour les opérations de préparation du sol. Une mécanisation adaptée de ces opérations ainsi que la gestion adéquate de l'espèce envahissante *Chromolaena odorata* sont nécessaires pour tirer avantage des atouts du système *maala*, dans les systèmes en partie mécanisés qui se développent un peu partout en Afrique centrale.

▶ Les systèmes améliorés à jachère de courte durée : exemples du Bénin et du Nigeria

En Afrique de l'Ouest, le manioc est en expansion, hors de la zone de culture traditionnelle (zones forestières et régions côtières au régime pluviométrique bimodal du Nigeria à la Côte d'Ivoire), vers le nord au régime pluviométrique monomodal jusqu'à des latitudes où la pluviométrie est parfois inférieure à 800 mm/an, notamment sur des zones aux pédoclimats favorables comme les bas-fonds.

Au Bénin, le manioc est principalement cultivé dans le Centre et le Sud du pays où il constitue un aliment de base des populations. Cette production génère une filière commerciale avec un important secteur artisanal de transformation qui fournit une gamme variée de produits transformés (*gari*, cossettes, tapioca, lafun, amidon). Plus récemment, se sont installées des unités industrielles pour la production d'amidon, d'alcool et également de *gari*.

Selon l'étude de Soulé *et al.* (2013) sur la chaîne de valeur de ce produit, 90 % du manioc récolté au Bénin serait transformé, dont les deux tiers en *gari*. C'est une semoule de couleur blanchâtre à jaune, finement granulée, proche de la *farinha de mandioca* dont la technologie a été rapportée au XIXe siècle du Brésil à la faveur du retour d'esclaves affranchis. Ce marché est tiré par l'accroissement démographique et l'urbanisation, de la farine de manioc est intégrée dans le pain notamment, mais également par la demande en produits transformés des pays limitrophes (Nigeria, Niger, Burkina Faso, Togo) ainsi que des pays pétroliers d'Afrique centrale (Gabon, Guinée équatoriale) et dans une certaine mesure par les exportations de cossettes vers l'Europe.

La production moyenne de manioc frais au Bénin était de 387 kg/hab. et atteignait plus de 700 kg/hab. dans les régions les plus productrices du pays (Oum-Plateau et Zou-Collines) (source ONASA d'après Lares, 2013). Les surfaces cultivées par exploitation sont faibles, inférieures à 0,5 ha en moyenne, mais atteignent 2 ha dans certaines régions (Plateau).

Cultures associées : exemple au Sud du Bénin

Au Sud du Bénin, le manioc est souvent associé aux céréales ou aux légumineuses (niébé, arachide). Pour la consommation en frais, les variétés cultivées sont douces et précoces (récolte à 6 mois) ; pour la transformation, elles sont tardives (12-18 mois) et à forte teneur en matière sèche (40 %). Dans le centre du Bénin, région spécialisée dans la transformation du manioc, les variétés sont tardives et plutôt cultivées en culture pure, généralement sur billons. Dans le nord du pays, le manioc est cultivé en fin de rotation après l'igname, le cotonnier et une ou deux années de céréales, avant le retour à la jachère dont la durée dépend de la densité d'occupation des sols. Les variétés sont surtout tardives et destinées à la transformation. On y trouve également des variétés amères

(souvent à forte teneur en acide cyanhydrique, HCN) plantées autour des champs de céréales (maïs et sorgho) comme barrière de protection contre les animaux. Les services de vulgarisation agricole recommandent une succession de cultures de quatre ans suivie d'une jachère améliorée avec des légumineuses (*Leucaena*, *Acacia*, *Mucuna* sp.).

Le calendrier cultural au Sud du Bénin

Le calendrier cultural au Sud du Bénin (figure 20) est fonction du régime bimodal des pluies, avec une interruption des préparations du sol et des plantations en août durant la petite saison pluvieuse. La densité de plantation oscille entre 5 000 à 8 000 plants/ha en culture associée et de 10 000 à 12 500 plants/ha en culture pure avec les variétés tardives. Dans ces systèmes, la production de manioc frais varie entre 10 et 15 t/ha (moins de 12 t/ha en moyenne nationale) et les pertes sont estimées à 30 % du total, la plus grande partie se produisant au champ (dégâts d'animaux) et pendant le transport et la conservation à l'état frais. La principale contrainte au niveau de la production est l'enherbement. Dans ces zones de savane, son contrôle requiert souvent trois désherbages dans un contexte où la main-d'œuvre même salariée est difficile à mobiliser pour ces opérations fastidieuses et oblige à un recours important au travail des jeunes en milieu rural. Au niveau national, on estime que plus de 500 000 exploitations agricoles essentiellement familiales produisent du manioc et que l'ensemble de la filière, transformation et de commercialisation comprises, occupe plus de 1,5 million de personnes dont 70 % de femmes (85 % pour les activités postrécolte de transformation et de distribution). Celles-ci dirigeraient 20 % des unités de production sur l'ensemble de la chaîne de valeur.

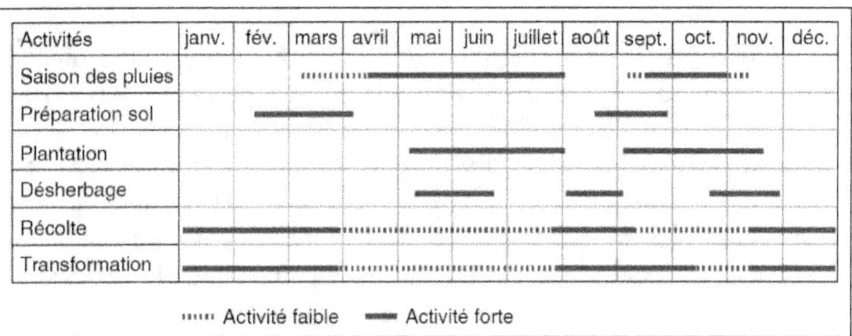

Figure 20.
Calendrier agricole et de transformation du manioc au Sud du Bénin (d'après ESC Manioc).

Tableau 26. Temps de travaux dans différents systèmes de culture à base de manioc.

Opération	Temps de travail en journées (5 à 6 h effectives par jour)		
	Zone forestière, brûlis, jachère longue en Guyane	Écobuage *maala* en République du Congo	En zone de savane, régime bimodal et cultures associées, au Sud Bénin
Défrichement	25	40	25
Labour/billonnage			25
Plantation	40	20	10
Désherbage		20	3 x 15
Récolte	25	30	25
Transport	15	15-30	camionnette
Total	105	115-125	125

On peut remarquer (tableau 26) que les temps de travaux pour ces systèmes manuels sont assez comparables d'une région à l'autre. En revanche, l'importance de chaque poste varie selon les situations. Sur le précédent forêt, le défrichement consomme beaucoup de main-d'œuvre mais les besoins en désherbage sont limités comme en Guyane ou en République du Congo. À l'inverse, en culture sédentarisée comme au Sud-Bénin la préparation du sol et le désherbage sont les opérations qui nécessitent le plus de main-d'œuvre.

▶ Des systèmes moyennement intensifiés

Un début d'intensification est observé avec la diffusion de variétés améliorées à haut rendement en provenance de l'IITA (par exemple, les cultivars TMS 30572, TMS 30555, TMS 30001 et TMS 4(2)1425) à qui les paysans reprochent cependant un port étalé peu propice aux cultures associées. Des sélections nationales (BEN 86052 et RB 89509 notamment) sont également obtenues par les programmes nationaux (Inrab). Ces différentes variétés ont un potentiel de rendement de 25 t/ha de racines fraîches après 12 mois de cycle et de 45 t/ha à 18 mois. L'utilisation des intrants est faible en raison de la faible valeur du produit.

Selon une enquête conduite par projet PDRT (2003) au Bénin, seulement 1,8 % des parcelles de manioc ont reçu une fumure organique et

6,4 % une fumure minérale ; celle-ci étant plutôt réservée aux cultures exigeantes en début de rotation (maïs, cotonnier). L'utilisation d'herbicide est quasi inexistante.

Au Nigeria voisin, les systèmes de culture du manioc sont similaires à ceux du Bénin mais à une échelle bien supérieure étant donné le volume de la production dans ce pays, premier producteur mondial de manioc avec 19 % de la production mondiale (55 millions de tonnes en 2014 selon la FAO, + 3,2 %/an sur la période de 2005 à 2014). Cette production est induite par une demande de 180 millions de consommateurs dont 47 % en milieu urbain (2014). Le manioc est consommé principalement sous forme de *gari*, et les autorités encouragent la substitution partielle (de 10 à 20 %) de farine manioc à celle de blé pour la fabrication du pain afin d'essayer de réduire les importations de blé qui dépassent chaque année les 4 millions de tonnes. Le gouvernement nigérian affiche clairement une volonté d'intensification agricole sur le modèle de la « révolution verte » qui a fait le succès de l'agriculture asiatique et sud-américaine dans les années 1960. Le pays a ainsi lancé plusieurs projets de développement dans ce sens avec le soutien de la Banque africaine de Développement (BAD) et du Nepad Pan African Cassava Initiative (NPACI), en 2004. L'impact de cette politique est perceptible sur les rendements qui, sur la période 2004 à 2013, sont passés de 11 à 14 t/ha au niveau national grâce, notamment, à la diffusion de variétés améliorées promues par l'IITA et le Nigeria Root Crops Research Institute.

Au Nigeria, la culture du manioc reste cependant largement manuelle avec seulement 10 % des surfaces labourées au tracteur et 3 % « herbicidées », ce qui traduit cependant une certaine avancée par rapport à la situation antérieure. Dans ce contexte, les coûts de production sont consacrés essentiellement à la main-d'œuvre ; dans certaines régions (sud-ouest) il est difficile de recruter pour ce type de travaux ruraux. Une étude réalisée dans les États de Oyo et Benue a montré que sur un coût de production de 700 USD/ha, 98 % servent à payer la main-d'œuvre salariée (IITA, 2015). Cette faible intensification est pour partie explicable par le difficile accès au crédit pour les petits producteurs qui ne peuvent financer l'achat de machines agricoles. L'agriculture ne reçoit en effet que 2 % des crédits formels au secteur productif alors qu'elle contribue à 42 % du PIB au niveau national.

Cette faible productivité rend la filière manioc nigériane peu compétitive sur le marché mondial par rapport aux producteurs asiatiques comme la Thaïlande où la tonne de racines se négociait à 67 $USD (2012), grâce notamment à un secteur agricole fortement mécanisé, contre 161 $USD au Nigeria. Un projet de mécanisation intensive de la culture de manioc financé par le *Cassava Bread Development Fund* a été lancé en 2015. Il prévoit de cultiver plus de 5 000 ha répartis en unités de 500 à 1 000 ha dans dix États du pays avec une assistance technique brésilienne et l'ambition de produire au minimum 25 t/ha de racines à un coût de 40 $USD/tonne pour l'approvisionnement des industries de transformation.

Parmi les ambitions de la filière manioc nigériane, il faut également signaler l'objectif de substituer 50 % de bioéthanol aux combustibles utilisés pour la cuisine sous diverses formes (kérosène, bois, charbon de bois) qui repésentaient en 2014 1,75 million d'hectolitres (2014) d'équivalent kérosène, ce qui suppose la transformation de 7 millions de tonnes/an de racines fraîches de manioc. Cependant en 2017 ce plan n'avait pas encore été mis en œuvre.

▶ Les systèmes intensifs en agriculture familiale en Asie du Sud-Est : exemple du Vietnam

L'Asie du Sud-Est a accru sa production de manioc de façon très rapide depuis quelques décennies. Après avoir fourni un substitut aux céréales pour l'alimentation du bétail européen, comme en Thaïlande, le manioc est valorisé essentiellement comme matière première pour la production industrielle d'amidon et de produits dérivés. Le Vietnam est un cas exemplaire de cette croissance extrêmement rapide à partir des années 2000, à tel point qu'on a pu parler de « révolution vietnamienne » pour la filière manioc (photos 37 et 38, cahier couleur).

Le Vietnam est devenu en 2013 le troisième producteur asiatique de manioc, après la Thaïlande et l'Indonésie. Les surfaces cultivées sont passées de 240 000 à 560 000 ha entre 2000 et 2015, la production de racines fraîches passant dans le même temps d'un peu moins de 2 millions de tonnes à 10,5 millions de tonnes (Le Huy Ham *et al.,* 2016). Le manioc est cultivé dans toutes les régions du pays, depuis le Sud jusqu'au Nord. Entre 1975 et 2000, les rendements de manioc variaient entre 6 et 8 t/ha et la production était principalement destinée à l'alimentation humaine et animale locales. En 2015, le rendement au niveau national atteint près de 19 t/ha et 70 % de la production sont exportés principalement vers la Chine pour la production industrielle d'amidon et d'éthanol. Le manioc est devenu la 3e culture du Vietnam (en surface, comme en volume), après le riz et le maïs, et la 3e source

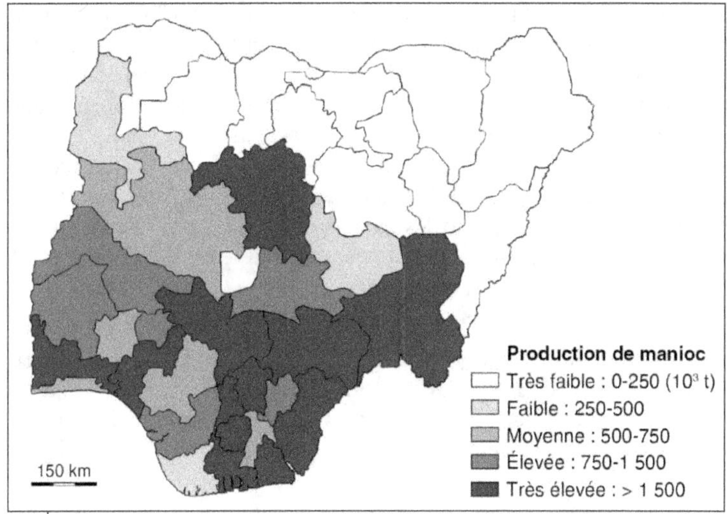

Figure 21.
Les régions productrices de manioc au Nigeria (d'après Asante-Pok A., 2013).

de devises, avec une recette 1,5 milliard $USD en 2015, après le riz et le café. Cette « révolution » est le fruit d'une politique volontariste de l'État vietnamien de moderniser cette filière, en particulier l'intensification et la mécanisation adaptées aux petites exploitations comme aux grandes coopératives. Une des clefs de cette réussite a été l'introduction dès la fin des années 1980 de variétés à haut rendement proposées par le CIAT. Deux variétés thaïlandaises Rayong 60 et KU 50 (renommées KM 60 et KM 94) ont été sélectionnés et vulgarisées rapidement par les services agricoles à partir du milieu des années 1990. En 2008, des enquêtes ont montré que 75 % des surfaces en manioc du pays étaient plantées avec ces variétés, principalement le cultivar KM 94. Par la suite, la recherche vietnamienne a sélectionné de nouvelles variétés, d'abord à partir de semences botaniques provenant de Thaïlande et du CIAT en Colombie, comme KM 95-3, SM 937-26, KM 98-1, KM 98-7, puis des hybrides issus de programmes nationaux, comme KM 140, KM 98-5 et KM 419. Cette variété KM 419 est l'une des plus prometteuses, avec un potentiel de rendement de plus de 50 t/ha en racines fraîches et une bonne teneur en amidon (28-31 %), permettant d'obtenir 10 à 15 t/ha d'amidon après 7 à 10 mois de culture (Cassava viet, 2014).

Concernant les techniques culturales, la préparation du sol fait souvent intervenir un ou plusieurs labours suivis de hersage, de plus en plus souvent réalisés au tracteur de puissance moyenne (50 CV). Les plantations se font soit sur billons dans les sols les plus lourds, soit à plat dans les sols plus légers. Généralement, dans les régions septentrionales, la plantation commence à la fin de l'année (novembre-décembre), tandis qu'au Sud elle a lieu au début de saison des pluies (avril-mai), et dans les hauts plateaux du centre au cours du premier semestre. La récolte est effectuée d'août à octobre, avant le pic de la saison des pluies. Les boutures sont prélevées sur des plantes de 10 à 12 mois d'âge et stockées en position verticale à l'ombre pendant plusieurs semaines (6 à 12) avant la mise en terre. La plantation mécanique derrière tracteur avec de petites planteuses à deux rangs servis par deux ouvriers se généralise.

La fertilisation est une pratique courante. Dans la région côtière centrale et celle du Fleuve Rouge, les paysans apportent 5 à 7 t/ha de fumier de ferme, moins dans les autres régions. L'utilisation des engrais chimiques se généralise avec un apport de 50-100 kg/ha N, 15-30 kg/ha P_2O_5 et 50-100 kg/ha K_2O. Le contrôle de l'enherbement nécessite de 2 à 3 sarclages pratiqués avant la fermeture de la canopée autour du 4e mois. Traditionnellement, la culture associée est moins pratiquée dans le Nord (moins de 10 % des champs de manioc) que dans le Sud (30 à 40 %) où le manioc est complanté avec le maïs, l'arachide (photo 36, cahier couleur), les haricots noirs et le mungo (*Vigna radiata*). Cependant, avec le développement de systèmes plus intensifs, la culture pure se développe. La récolte a lieu dès le 6e mois après plantation pour une consommation en frais, entre les 10e et 12e mois lorsque la finalité est la transformation en sec ou l'extraction d'amidon, afin d'obtenir des taux de matière sèche plus élevés. La récolte est partiellement mécanisée avec des machines qui soulèvent les grappes de racines et les laissent sur le sol pour un ramassage manuel.

▶ Les systèmes de cultures industrielles à grande échelle : le cas du Paraná au Brésil

Le Paraná est probablement la région du monde où la culture du manioc est la plus intensive. Cet État méridional du Brésil produit sur 140 000 ha plus de 4 millions de tonnes de manioc (17 % de la production brésilienne) qui sont majoritairement transformées en amidon et en *farinha* pour le marché national par un réseau dense d'usines (Dufour *et al.*, 2016). La taille des exploitations varie de 50 à plusieurs dizaines de milliers d'hectares pour les plus grosses unités. Le manioc est planté à plat à une densité de 18 000 plants/ha. Fait notable, la récolte intervient généralement entre 16 et 24 mois après la plantation selon les conditions

du marché. Cette période couvre deux cycles végétatifs entrecoupés par une saison froide qui stoppe le développement végétatif du manioc. Dix mois après la plantation les tiges sont coupées au ras du sol et la plante repart au printemps suivant pour le second cycle. La culture est entièrement mécanisée, l'usage d'herbicides est généralisé.

Les principaux ravageurs sont les sphinx (*Erinnyis ello*), les aleurodes et les cochenilles farineuses, notamment *Phenacoccus manihoti* qui pose un problème important en saison sèche. La lutte contre ces ravageurs est basée sur la résistance variétale et l'utilisation d'une panoplie d'insecticides chimiques et biologiques (Bt, *Bacillovirus*). Dans certaines régions voisines (Santa Catarina notamment), la cochenille de la racine du manioc (*Dysmicoccus* sp.) fait d'importants dégâts depuis la fin des années 2000 sans que l'on ait trouvé de parade réellement efficace.

Dans cette région du Paraná, le rendement moyen en racines fraîches est de 25 t/ha (moyenne nationale de 15 t/ha en 2014), les rendements de 35 à 50 t/ha ne sont pas rares. Le rendement n'augmente pas significativement pendant le second cycle, en revanche la teneur en matière sèche s'accroît nettement. Les agriculteurs sont particulièrement attentifs à la teneur en matière sèche à la récolte qui conditionne le prix payé par les usines et donc la rentabilité. La teneur en matière sèche dépend du cultivar (25 à 40 %), mais aussi des conditions hydriques. Les principales variétés cultivées sont Ocho Junto, Eye together, Fecula blanca, Espeto, IPR 90 et IPR Uniao (variété la plus récente sélectionnée par l'IAPAR). Les caractères recherchés, outre la teneur en matière sèche (minimum 35 % pour la transformation industrielle), sont une peau fine, des racines courtes et coniques pour faciliter l'épluchage mécanique. Au niveau des usines, les épluchures représentent moins de 6 % du poids total et sont valorisées comme aliment du bétail. Une partie des déchets des usines sont valorisés sous forme de biogaz qui alimente les installations de séchage. Les résidus des biofermenteurs sont ensuite épandus sur les champs de manioc comme fertilisants.

Adapter la culture du manioc au changement climatique

Le changement climatique, dû à l'élévation continue de la teneur en gaz à effet de serre dans l'atmosphère depuis le début de l'ère industrielle, est déjà une réalité tangible depuis quelques décennies qui impacte l'agriculture et les milieux naturels tant terrestres que marins sur l'ensemble de la planète, posant de nombreux défis d'adaptation aux agriculteurs et acteurs économiques de toutes les filières agricoles. Selon les prévisions du GIEC, l'augmentation attendue des températures à la fin de ce siècle se situe entre 1,8 et 4°C, voire plus selon les modèles climatiques, par rapport au climat observé à la fin du XXe siècle (1980-1999), avec une augmentation concomitante de la fréquence des événements climatiques extrêmes comme les sécheresses, les inondations et les périodes de canicule (GIEC, 2007).

Selon les simulations proposées par ces modèles, la productivité de l'agriculture aux moyennes et hautes latitudes pourrait augmenter légèrement pour des hausses de températures de 1 à 3°C. En revanche, dans la zone intertropicale, la productivité des cultures devrait décroître, même pour des augmentations de température locales relativement faibles (1 à 2°C). Dans les zones côtières, les deltas et les pays insulaires de faible altitude, l'élévation du niveau de la mer déjà constatée, et qui pourrait s'intensifier, devrait entraîner des déplacements importants de populations. Dans les régions tropicales et subtropicales, le rendement des cultures pourrait chuter de 10 à 20 % en 2050 en raison du réchauffement et des sécheresses, mais les baisses de rendement pourraient être beaucoup plus marquées dans certaines régions avec des effets négatifs particulièrement importants en Afrique subsaharienne.

L'effet du changement climatique ne devrait cependant pas être uniforme sur toutes les cultures. Le manioc pourrait être une des cultures la moins affectée et voir son importance croître en raison de son aptitude à mieux supporter les fortes températures et les périodes de déficit hydrique. À l'inverse, les céréales et les légumineuses à graines devraient souffrir des évolutions climatiques attendues en raison de leur sensibilité à la chaleur et au manque d'eau durant la période critique de la floraison. Ainsi en Asie du Sud, le blé et le riz pourraient décliner au profit du manioc qui étendrait son aire de culture traditionnelle du Sud de l'Inde (État du Tamil Nadu et Kerala) vers des régions plus septentrionales, phénomène qui est déjà observé (Ramirez-Villegas et Thornton, 2015).

Risques et potentiel de la culture de manioc

L'Afrique subsaharienne est le continent où le changement climatique pourrait avoir les conséquences les plus dramatiques en raison de la pauvreté qui rend les mesures d'adaptation plus difficiles à mettre en œuvre tant au niveau des États que des populations. C'est aussi

le continent où le manioc a le rôle le plus important dans la sécurité alimentaire, et donc où tout changement dans son environnement peut avoir le plus d'impact.

Les études de modélisation les plus récentes montrent que le manioc serait la culture d'importance majeure la moins sensible au changement climatique à l'horizon 2030 avec des variations de rendement allant de - 3,7 % à + 17,5 %, l'impact attendu n'étant pas uniforme sur le continent. Les prévisions du modèle EcoCrop montrent que les rendements du manioc baisseraient dans 17 % des régions, principalement en zone sahélienne centrale et au Mozambique, alors qu'elles augmenteraient dans 36 % des régions, notamment, sur les hauts plateaux de l'Afrique orientale et australe ainsi que dans la frange nord du Sahel ; elles resteraient égales dans les 47 % des autres régions, notamment en zone humide et subhumide de basse altitude en Afrique centrale et en Afrique de l'Ouest (figure 22, cahier couleur).

Si le manioc est une des cultures potentiellement les plus résilientes face au changement climatique en ce qui concerne les contraintes abiotiques (alimentation en eau et température), cet avantage pourrait être contrecarré par les stress biotiques (maladies et ravageurs). En Afrique, le manioc subit en effet une pression importante de divers bio-agresseurs. Les études de modélisation indiquent que cette pression devrait se poursuivre dans de nombreuses régions d'Afrique, augmenter dans certaines régions et diminuer dans d'autres. Pour quatre des principaux bio-agresseurs du manioc en Afrique (mouches blanches ou aleurodes, cochenilles farineuses, mosaïque/CMD et striure brune/CBSD), les modèles font apparaître des zones où leur impact augmenterait et d'autres qui en deviendraient exemptes avec globalement plutôt une réduction de leur impact sur la culture. Cependant, les chercheurs reconnaissent eux-mêmes que ces modèles sont encore très imparfaits pour permettre une prédiction fiable des stress biotiques, car ils sont basés sur l'hypothèse d'une non-adaptation des bio-agresseurs eux-mêmes, ce qui est improbable tant au niveau des ravageurs que des vecteurs des maladies.

Ailleurs dans le monde, le réchauffement climatique pourrait être favorable au manioc dans les zones subtropicales comme au sud-est du Paraguay, au sud du Brésil et dans les Andes où la limite de la culture devrait monter en altitude. Inversement les fortes températures devraient être une contrainte dans les régions les plus chaudes du Brésil (Minas-Gerais, Sao Paulo, Paraná), l'est du Paraguay, le nord de l'Argentine, le sud de la Chine, le nord de l'Inde (Uttar Pradesh et

Madhya Pradesh), la Thaïlande, le Vietnam et le Myanmar. La baisse des précipitations devrait être limitante au Brésil (ouest de Bahia, est du Ceara, Rio Grande do Norte) et au sud-est de la Bolivie. À l'opposé, l'augmentation des pluies et les problèmes d'hydromorphie des sols pourraient limiter la culture dans le bassin amazonien, en Guyane française, au Surinam et en Guyana, ainsi que dans plusieurs régions d'Asie du Sud-Est (Indonésie, Malaisie, Thaïlande et Vietnam) (Ceballos *et al.,* 2011).

Comment s'adapter au changement climatique

L'adaptation au changement climatique exigera souvent que les agriculteurs adoptent d'autres cultivars. On pourrait assister à une translation de variétés de régions où elles ne sont plus adaptées vers des zones où elles trouveraient leur optimum climatique. Ces migrations créent d'importants besoins d'organisation de filières semencières sûres si l'on veut éviter la diffusion concomitante de cortèges de bio-agresseurs dans des régions qui en étaient auparavant indemnes.

Les pratiques culturales devront aussi évoluer. Ainsi une forte réduction des précipitations pourrait conduire à étendre le cycle de culture sur deux années, comme c'est déjà le cas dans le nord-est du Brésil. Les climats plus secs devraient favoriser l'augmentation de la pression des acariens (et probablement celle des cochenilles). Au contraire, des conditions plus humides, *a priori* favorables à la culture, pourraient entraîner une augmentation de la pourriture des racines, en particulier dans les sols lourds ou à mauvais drainage. Elles pourraient également aggraver les risques d'érosion dans les parcelles en pente, notamment en début de cycle lorsque la protection du sol par le feuillage est faible. À l'inverse, l'augmentation des précipitations aura un effet positif en réduisant la pression de certains ravageurs comme les acariens, les aleurodes et les cochenilles farineuses. Dans les régions subtropicales qui connaissaient des périodes de gel comme dans le sud du Brésil, les agriculteurs avaient l'habitude de couper les tiges de manioc au ras du sol. Cette absence de tiges et de feuilles dans les champs crée un vide sanitaire limitant les infestations de certains ravageurs. Les hivers plus doux observés depuis quelques années ont incité les agriculteurs à abandonner cette technique de taille à blanc et à échelonner leur plantation tout au long de l'année créant ainsi un environnement favorable aux insectes, notamment aux aleurodes qui peuvent ainsi pulluler rapidement à la reprise de la végétation.

Un effort de recherche est nécessaire sur la dynamique des bio-agresseurs dans un contexte de changement climatique

Le manioc comme d'autres plantes cultivées à racines et tubercules (pomme de terre et igname notamment) apparaît bien adapté aux changements climatiques attendus grâce à sa résistance à la sécheresse et aux températures élevées. Cependant, sa sensibilité aux ravageurs et aux maladies dans un climat changeant pourrait affecter sa productivité et son aire de culture si ces contraintes ne sont pas maîtrisées.

Il est donc nécessaire d'augmenter l'effort de recherche sur cette culture pour comprendre les effets du climat sur la dynamique des différents bio-agresseurs y compris en ce qui concerne leur propre adaptation encore mal comprise à ces phénomènes climatiques, afin de pouvoir proposer des stratégies de lutte intégrée, efficace et non dommageable pour l'environnement et la santé.

Au niveau de la recherche agronomique, notamment au CIAT, la réponse au changement climatique se concentre actuellement sur la sélection de variétés résistantes ou tolérantes aux principaux bio-agresseurs du manioc, sur la mise au point de techniques de lutte, ainsi que sur la résistance à la sécheresse et à la tolérance au froid, contrainte qui paradoxalement devrait augmenter dans les nouvelles régions favorables au manioc, notamment dans les Andes et les hauts plateaux d'Afrique.

Un des impacts les plus tangibles du changement climatique dans les régions où les précipitations augmenteront devrait être la baisse de la teneur en matière sèche des racines, l'abondance des pluies favorisant le développement des parties aériennes au détriment des organes souterrains. En effet, quand une plante de manioc est bien développée, le retour des pluies après une saison sèche provoque une hydrolyse de l'amidon stocké dans les racines et une reprise de la croissance des parties aériennes, allant de pair avec une réduction importante en 2 à 3 semaines de la teneur en matière sèche.

Pour les situations où la pluviométrie augmentera mais sera plus imprévisible, il est donc important de sélectionner des cultivars à teneur en matière sèche élevée et stable à leur date optimale de récolte, généralement calée sur la fin de la saison sèche comme actuellement, qui seront aussi capables en cas de retour prématuré des pluies de retrouver rapidement une teneur en matière sèche suffisante pour permettre leur commercialisation.

C'est dans cette direction que plusieurs programmes d'amélioration travaillent actuellement, comme au CIAT, en utilisant la capacité de certains génotypes à rétablir rapidement leur teneur en matière sèche pendant la saison humide (Ceballos *et al.*, 2011).

Photo 1.
Racines tubérisée de manioc. (©Philippe Vernier, Cirad)

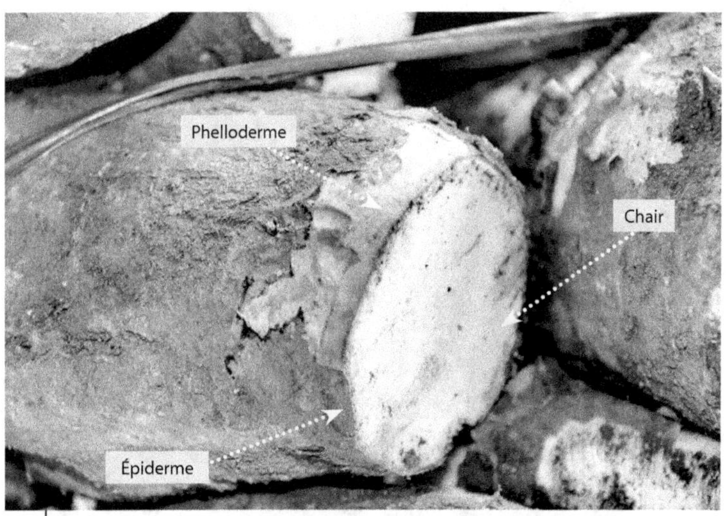

Photo 2.
Coupe transversale d'une racine tubérisée. (©Jonathan Newby, CIAT)

Photo 3.
Manioc à port étalé. (©Boni N'Zué, CNRA)

Photo 4.
Manioc à port érigé.
(©Boni N'Zué, CNRA)

Photo 5.
Jeune plant de manioc.
(©Boni N'Zué, CNRA)

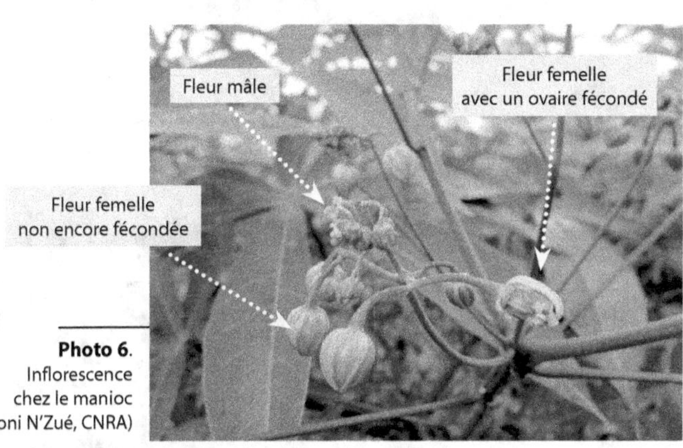

Photo 6.
Inflorescence
chez le manioc
(©Boni N'Zué, CNRA)

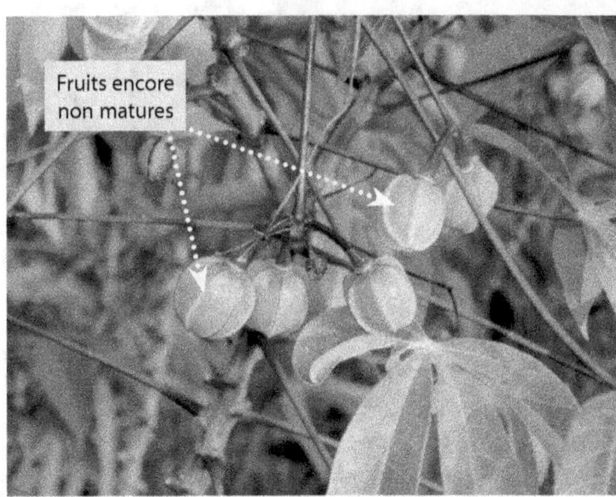

Photo 7.
Plant de manioc
présentant des fruits
qui renferment
des graines.
(©Philippe Vernier, Cirad)

Photo 8.
Symptômes de carence
en phosphore sur manioc.
(©Reinhardt Howeler, CIAT)

Photo 9.
Symptômes de carence en potassium sur manioc. (©Reinhardt Howeler, CIAT)

Photo 10a et 10b.
Symptômes de carence en magnésium sur manioc.
(a : ©Reinhardt Howeler, CIAT – b : ©Nguyen, CIAT)

Photo 11.
Symptôme de carence en zinc sur manioc. (©Reinhardt Howeler, CIAT)

Photo 12.
Différents degrés de toxicité due au manganèse sur manioc. (©Reinhardt Howeler, CIAT)

Photo 13.
Symptômes foliaires sur sol salin, toxicité due au sodium. (@Reinhardt Howeler, CIAT)

Photo 14.
Symptômes de la mosaïque du manioc (CMD) sur feuille. (©Philippe Vernier, Cirad)

Photos 15a et b.
Maladie des stries brunes du manioc sur feuilles et sur racines.
(CBSD) (©Philippe Vernier, Cirad)

Photo 16.
La bactériose vasculaire (CBB) :
symptômes sur plantes développées.
(©Valérie Verdier, IRD)

Photo 17.
La bactériose vasculaire (CBB) :
symptômes sur jeunes pousses.
(©Valérie Verdier, IRD)

Photo 18.
Maladie de la peau de grenouille
(*Cassava Frogskin Disease* - CFSD) :
racine saine (en haut) ;
racine atteinte (en bas).
(©Hernan Ceballos, CIAT)

Photo 19.
Maladie du balai de sorcière.
(CWB) (©CIAT)

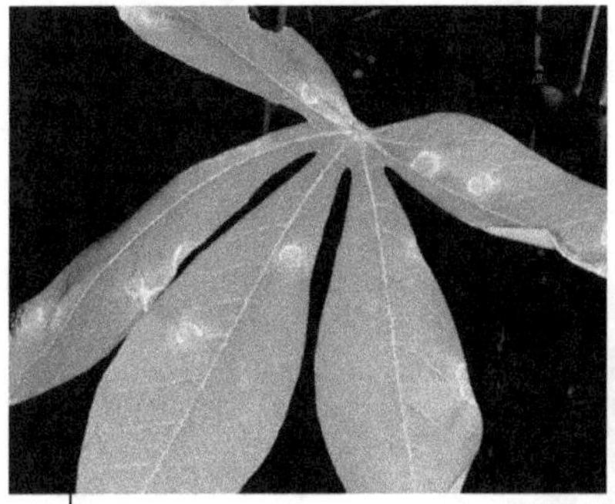

Photo 20.
Cercosporiose ou maladie
des taches brunes.
(© Philippe Vernier, Cirad)

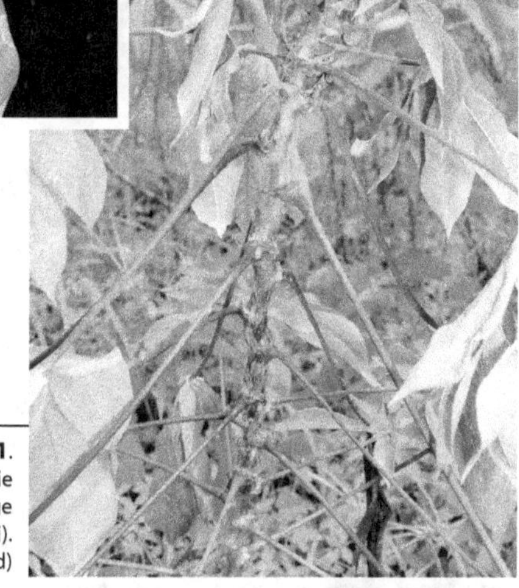

Photo 21.
Anthracnose sur partie
apicale de jeune tige
(RDC station de Mvuazi).
(©Philippe Vernier, Cirad)

Photo 22.
Pourritures molles des racines (*wet root rot*). (©Boni N'Zué, CNRA)

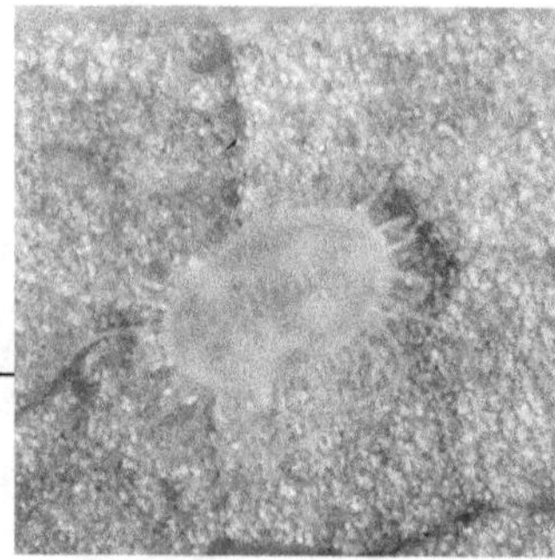

Photo 23.
Aleurode : *Bemisia tabaci*
ou aleurode du tabac,
stade larve. (© Cirad)

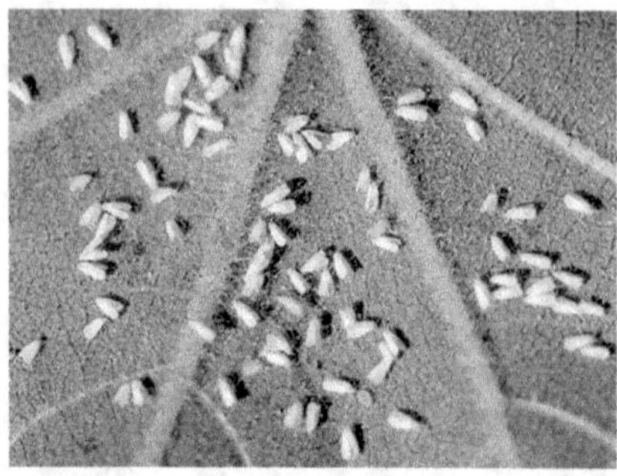

Photo 24.
Aleurode : *Bemisia tabaci*
ou aleurode du tabac,
stade adulte. (© Cirad)

Photo 25.
Cochenille farineuse : adultes sur feuilles de manioc (*Phenacoccus manihoti*).
(©Georg Goergen, IITA)

Photo 26.
Acarien vert *(Mononychellus ssp.)* : dégâts sur feuilles. (©Philippe Vernier, Cirad)

Photo 27.
Acarien vert *(Mononychellus ssp.)* :
larves. (©Georg Goergen, IITA)

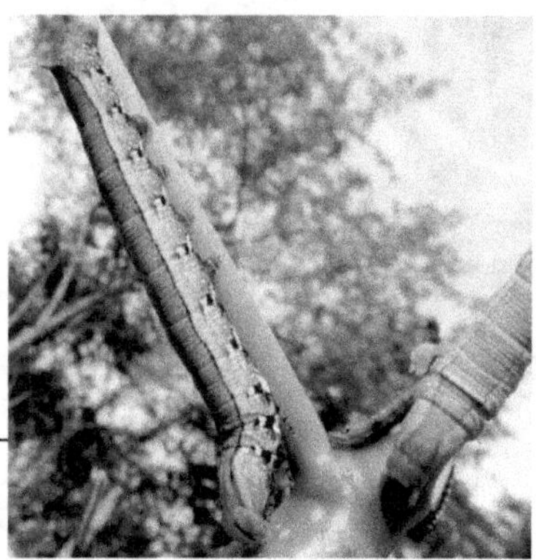

Photo 28.
Sphinx du manioc,
Erinnyis ello (©CIAT)

Photo 29.
Cochenille de la racine du manioc (*Cassava Root Mealybug*, CRM) en Afrique : *Stictococcus vayssierei*.
(©Georg Goergen, IITA)

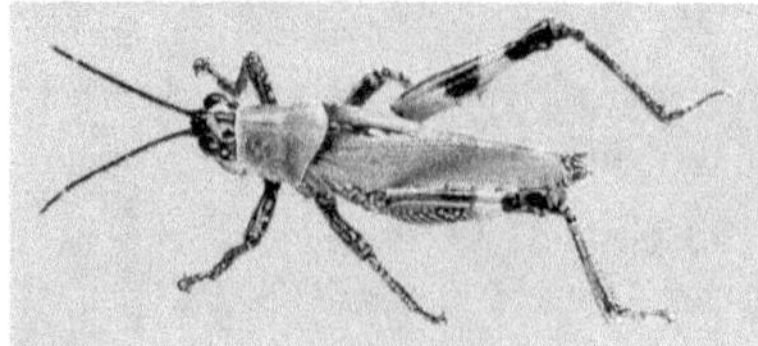

Photo 30.
Criquet puant d'Afrique (*Zonocerus variegatus*).
(©Georg Goergen, IITA)

Photo 31.
Boutures de manioc prêtes pour la plantation, Sumatra, Indonésie.
(©Jonathan Newby, CIAT)

Photo 32.
Boutures de manioc fraîchement plantées, Sumatra, Indonésie.
(©Jonathan Newby, CIAT)

Photo 33.
Plantation mécanisée du manioc, Colombie. (©Clayuca)

Photo 34.
Plantation mécanisée du manioc à grande échelle, Brésil.
(©Planticenter)

Photo 35.
Abatti chez
les Indiens Wayapi
en Guyane.
(©Philippe Vernier, Cirad)

Figure 36.
Association du manioc et
de l'arachide au Vietnam.
(©Jonathan Newby, CIAT)

Photo 37.
Champ de manioc
villageois au Vietnam.
(©Jonathan Newby, CIAT)

Photo 38.
Sarclage en traction
animale, Vietnam.
(©Georgina Smith, CIAT)

a. Outil (©Clayuca)

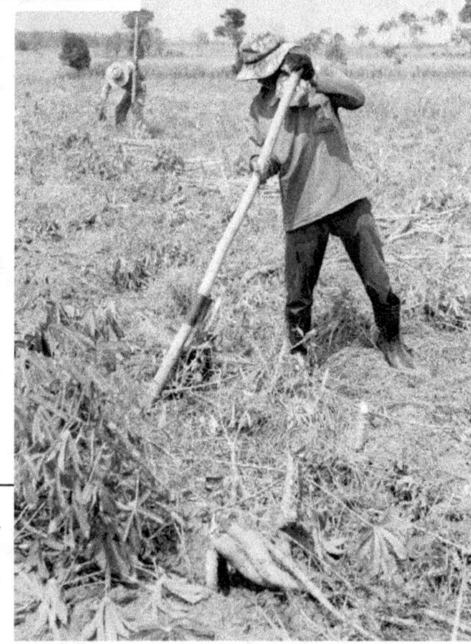

b. Maniement

Photo 39 a et b.
Récolte manuelle : *puller*
(tire-racines) pour la
récolte du manioc, Chine
région de Nanning.
(©CIAT)

Photo 40.
Récolteuse manioc de la marque
Hennipman, Brésil. (©Hennipman)

Photo 41.
Feuilles de manioc fraîches
pour la consommation,
Cameroun.
(©Dominique Dufour, Cirad)

Photo 42.
Feuilles de manioc pilées
pour préparer le *kpwem*,
plat camerounais typique,
Cameroun. (©Dominique
Dufour, Cirad)

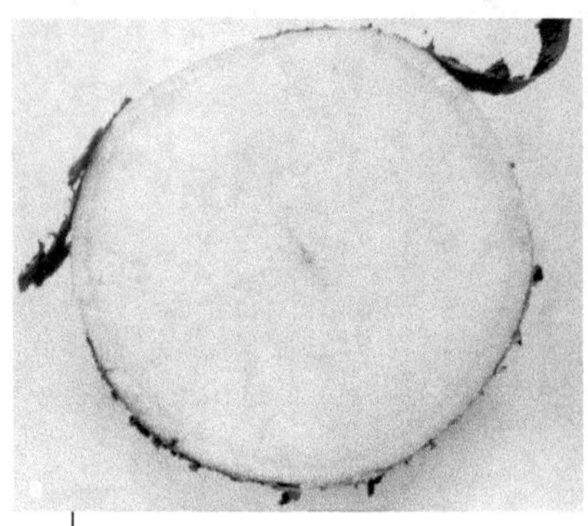

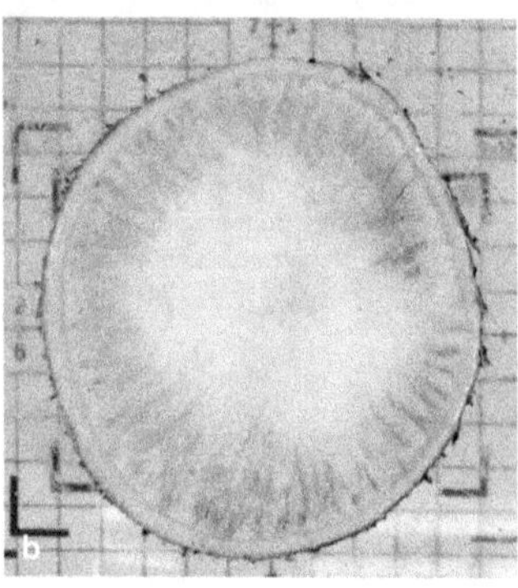

Photo 43.
Détérioration physiologique post-récolte de la racine
(*Postharvest Physiological Disorder* – PPD). (©CIAT)
a. Le jour de la récolte – b. État 7 jours après la récolte

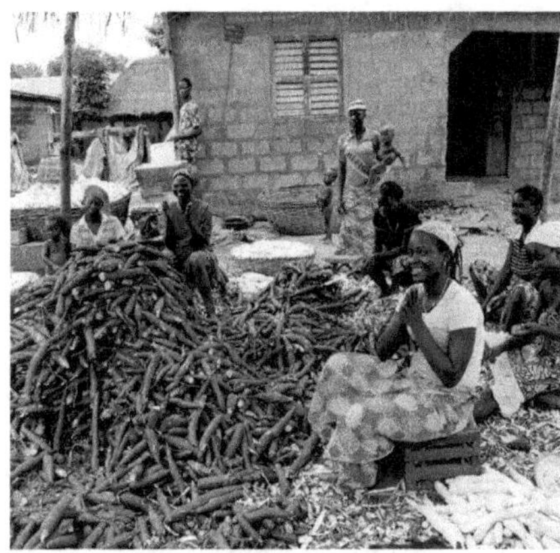

Photo 44.
Épluchage du manioc, Bénin.
(©Dominique Dufour, Cirad)

Photo 45.
Rouissage traditionnel
ici dans un trou d'eau,
Cameroun.
(©Dominique Dufour, Cirad)

Photo 46.
Paraffinage des racines fraîches de manioc
par trempage dans un bain de paraffine à
environ 150 °C. (©Dominique Dufour, Cirad)

Photo 47.
Séchage des cossettes de manioc. En haut de la photo : cossettes moulues en cours de séchage, Bénin. (©Dominique Dufour, Cirad)

Photo 48.
Farine de manioc,
marché de Lilongwe, Malawi.
(©Philippe Vernier, Cirad)

Photo 49.
Râpage des racines épluchées
pour obtenir une pulpe qui servira
à la fabrication du *gari*, Bénin.
(©Dominique Dufour, Cirad)

Photo 50.
Pressage du *gari*, Nigeria.
(©Dominique Dufour, Cirad)

Photo 51.
Cuisson traditionnelle du *gari* sur plaque métallique, Bénin.
(©Dominique Dufour, Cirad)

Photo 52.
Tamisage de la pulpe
de manioc pour
fabrication tapioca, Bénin.
(©Dominique Dufour, Cirad)

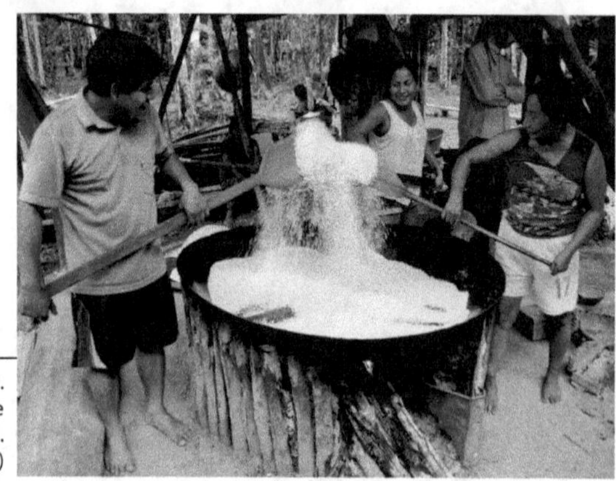

Photo 53.
Fabrication de
la *farinha*, Brésil.
(©Dominique Dufour,Cirad)

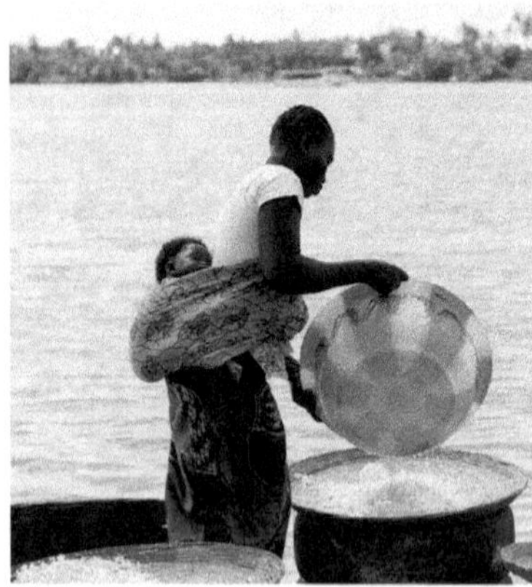

Photo 54.
Préparation de l'*attiéké*,
région d'Abidjan.
(©Victoria Bancal, Cirad)

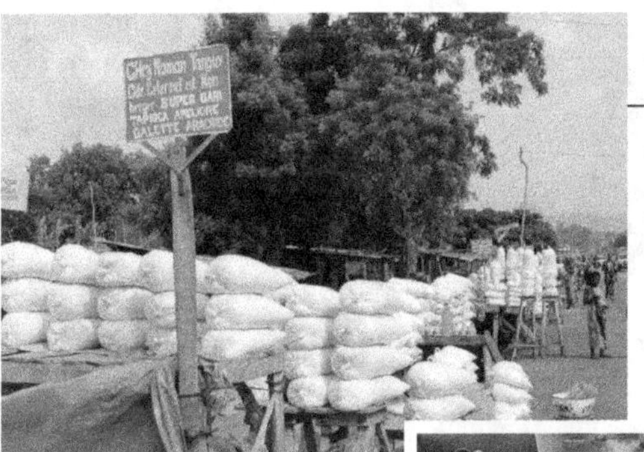

Photo 55.
Vente de *gari* par
le commerce informel,
Cotonou, Bénin.
(©Dominique Dufour, Cirad)

Photo 56.
Cassave à Haïti.
(©Philippe Vernier, Cirad)

Photo 57.
Chikwangue ou bâton de manioc,
Cameroun.
(©Dominique Dufour, Cirad)

Photo 58.
Pulpe défibrée après rouissage
et avant séchage élaborée avec
des variétés de manioc plus au moins
riches en caroténoïdes.
(©Dominique Dufour, Cirad)

Photo 59.
Extraction artisanale
d'amidon par filtration,
en Équateur.
(©Nadine Zakhia, Cirad)

Photo 60.
Amidon de manioc
extrait dans la région
de Kampong Cham,
Cambodge. (©CIAT)

Photo 61.
Centrifugeuses avant passage
au *flash-dryer* dans une usine
de production d'amidon,
région de Nanning, Chine.
(©Dominique Dufour, Cirad)

Photo 62.
Usine de production
de *farinha*,
État du Paraná, Brésil.
(©Dominique Dufour, Cirad)

Photo 63.
Séchage traditionnel
de l'amidon sur claies
surélevées, Vietnam.
(©Johnatan Newby, CIAT)

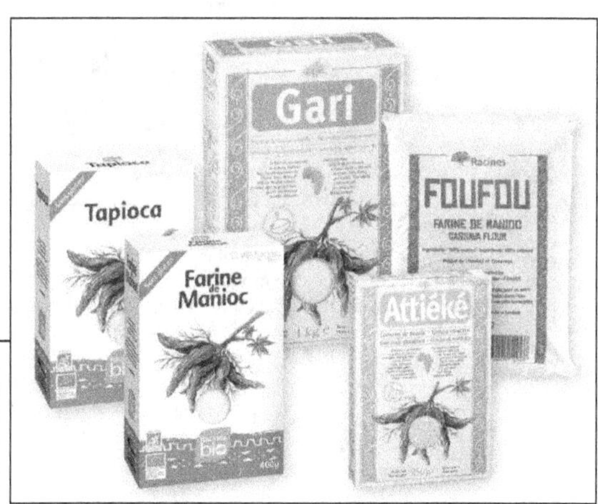

Photo 64.
Des produits à base
de manioc disponibles
dans le commerce
« ethnique » international.
(©Racines SA)

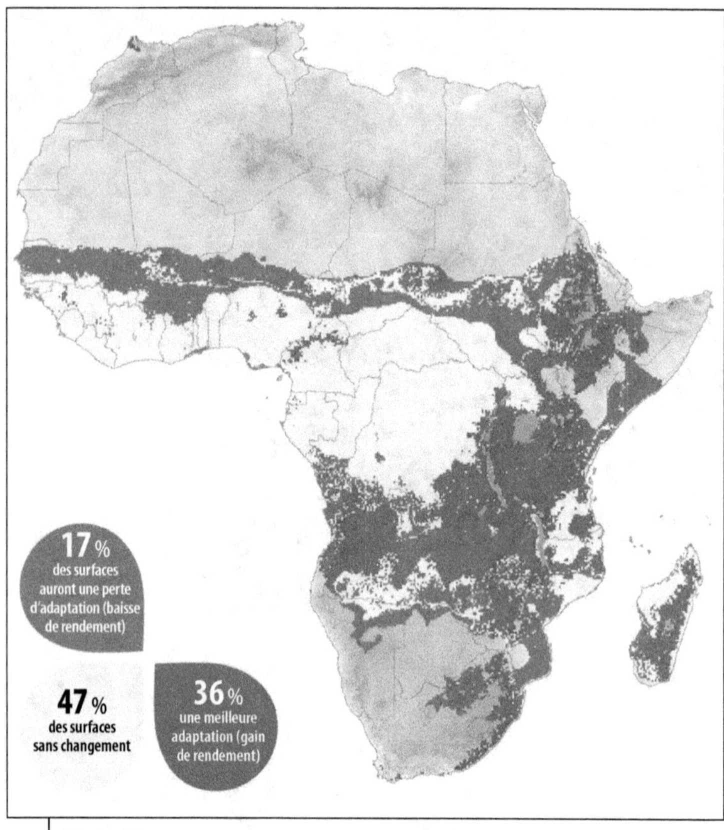

Figure 22.
Carte de prévision d'adaptabilité du manioc
face au changement climatique modélisé en Afrique.
(d'après la moyenne de 24 Global Climate Models, GCMs ; Jarvis *et al.*, CIAT, 2012).

6. Les utilisations du manioc

Valeur nutritionnelle du manioc

Le manioc (*Manihot esculenta* Crantz) est un aliment de base pour de nombreuses populations, notamment dans les pays tropicaux et subtropicaux. Cela est dû au fait que cette plante est facilement cultivable, peu exigeante en intrants et que sa récolte s'étale sur une longue période, facilitant ainsi un accès régulier des populations à cette matière première. De plus, c'est un aliment très énergétique, fournissant 159 kcal d'énergie alimentaire par 100 g de portion comestible.

▶ Composition chimique

Comme la plupart des produits agricoles, l'eau constitue la majeure partie de la racine de manioc (60 à 70 % de la portion comestible, c'est-à-dire la chair de la racine épluchée). La matière sèche restante (30 à 40 % de la portion comestible) est majoritairement (90 à 95 %) composée de glucides, de protéines (1 %), de lipides (0,3 %), de fibres (1 %) et d'éléments minéraux (0,9 %). S'y ajoutent des quantités minimes de vitamines (A, B, C), de calcium, de phosphore et de fer. Les glucides contenus dans le manioc sont essentiellement constitués d'amidon, molécule composée de deux types de chaînes de glucose, l'amylose (chaînes linéaires) et l'amylopectine (chaînes ramifiées). La teneur en amylose et la structure de l'amylopectine influencent significativement les propriétés fonctionnelles, notamment gélifiantes, de l'amidon issu de divers cultivars de manioc et orientent leur utilisation dans l'agro-industrie.

La forte teneur en amidon fait du manioc un aliment très énergétique. La racine de manioc est plus riche en glucides que les tubercules de pomme de terre, d'igname, de patate douce ou de taro, mais elle est plus pauvre en protéines. Néanmoins, les feuilles de manioc sont très riches en protéines (autour de 30 % par rapport à la matière sèche); elles contiennent notamment de la lysine et de la leucine mais sont pauvres en acides aminés soufrés dont la méthionine. Elles contiennent également des caroténoïdes.

Des études menées au Nigeria et au Kenya ont montré qu'une consommation élevée de manioc chez les enfants de 2 à 5 ans était responsable de déficiences en micronutriments, notamment en zinc, en fer et en vitamine A. Afin de pallier ces déficiences, des programmes de «biofortification» sont menés afin d'augmenter la teneur du manioc en vitamines et minéraux et d'améliorer la santé des populations qui le consomment quotidiennement. Ainsi, les programmes internationaux, *Harvest Plus* (http://www.harvestplus.org/) et *BioCassava Plus* (BC+) (https://www.ncbi.nlm.nih.gov/pubmed/21526968), financés par Bill and Melinda Gates Foundation, mènent des travaux d'amélioration variétale afin de développer des cultivars de manioc à plus haute teneur en zinc, en fer et en vitamine A.

La composition chimique du manioc varie avec de nombreux facteurs tels que la variété plantée, les pratiques culturales (irrigation ou non), le climat, le lieu de culture (altitude, qualité du sol).

Facteurs anti-nutritionnels et toxiques

Toxicité du manioc

La racine de manioc contient généralement des composés toxiques, les glucosides cyanogéniques. Ce sont des molécules de cyanure liées à des glucides, notamment à des molécules de glucose. La teneur des racines en glucosides cyanogéniques est dépendante de la variété de manioc et de l'écosystème (conditions écologiques et pratiques culturales) ; la sécheresse par exemple augmente cette teneur en initiant une forme d'auto-défense de la plante.

On distingue deux types de manioc : le manioc «doux» dont la teneur en glucosides cyanogéniques est inférieure à 50 mg/kg de matière fraîche et le manioc «amer» dont la teneur en glucosides cyanogéniques est supérieure à 50 mg/kg de matière fraîche. Les glucosides cyanogéniques sont présents dans toutes les parties de la plante (racine, feuille, écorce) et dans toutes les variétés, mais dans des quantités moindres dans les variétés de manioc doux. La concentration des glucosides cyano-géniques augmente du centre vers la périphérie de la racine ; elle est beaucoup plus élevée dans la peau. Il est habituel d'associer l'amertume de la pulpe à sa concentration en composés cyanogéniques : on dit ainsi que plus le goût est amer, plus la racine a un potentiel toxique élevé. En réalité, ce n'est pas systématique et certaines variétés douces sont plus toxiques que d'autres dites amères.

Effets de la toxicité du manioc sur la santé humaine

Ces glucosides cyanogéniques agissent comme des facteurs d'auto-défense pour la plante, contre des prédateurs ou des parasites, ou

encore comme une réaction d'adaptation à un environnement hostile (réserves de nutriments pour lutter contre un stress hydrique ou dans un sol peu fertile). Mais ces glucosides sont toxiques pour le consommateur. À fortes doses, ils peuvent entraîner la mort. Quand ils sont consommés à faibles doses mais de façon chronique (alimentation basée quasi exclusivement sur le manioc, sans accompagnement de protéines), ils peuvent bloquer l'absorption d'iode par les glandes thyroïdiennes avec formation de goitre. Ils peuvent aussi entraîner des retards de la croissance (crétinisme) et du développement psychomoteur des enfants, des troubles visuels et de la fatigue musculaire (allant parfois jusqu'à la paralysie). Des cas mortels ou des atteintes de paralysie grave ont été observés par exemple en République démocratique du Congo, au Mozambique et au Nigeria, à la suite de l'ingestion de racines amères crues en grande quantité, lors d'épisodes de guerre ou de famine liée à une sécheresse prolongée. Par ailleurs, des observations médicales montrent que la consommation élevée de manioc insuffisamment détoxifié (cru ou peu transformé) depuis l'enfance, associée à une malnutrition permanente (carence en protéines en particulier) provoque la détérioration du pancréas, aboutissant très vite à une pancréatite chronique puis au diabète. La majorité de ces malades meurent jeunes.

Notons que l'organisme humain est capable d'éliminer naturellement les composés toxiques du manioc si les teneurs consommées sont peu élevées (moins de 20 mg/jour pour un adulte) et si la ration alimentaire apporte des acides aminés soufrés (cystine, cystéine et méthionine) et de la vitamine B12 en quantités suffisantes. Les maladies telles que goitre, paralysie et diabète, sont rencontrées en Afrique centrale, en Guyane, à Cuba, en Asie (Bangladesh particulièrement), dans des régions victimes de conflits et de famines. En revanche, elles ne sont pas observées chez les Indiens d'Amazonie qui consomment pourtant de grandes quantités de manioc issu de variétés amères considérées comme les plus toxiques au monde. En fait, ces populations ont un régime alimentaire riche en protéines soufrées grâce à la consommation de gibier et de poisson qu'elles chassent et pêchent quotidiennement.

Par ailleurs, la bonne maîtrise des différentes opérations impliquées dans la transformation du manioc permet de décomposer les composés cyanogéniques et donc de réduire leur toxicité. Ainsi, le manioc consommé quotidiennement par près de 700 millions d'individus présente peu de risques de toxicité et reste un aliment très sain pour ces populations.

Ⅲ Comment détoxifier le manioc ?

On distingue deux glucosides cyanogéniques principaux dans le manioc : la linamarine et la lotaustraline. Dans les variétés dites douces, la majeure partie de la linamarine est contenue dans l'écorce, elle est donc éliminée à l'épluchage des racines. Dans les variétés dites amères, ces composés toxiques sont contenus dans le cylindre fibreux central et les vacuoles des cellules.

La racine de manioc contient aussi une enzyme endogène, la linamarase, située dans les membranes et capable d'hydrolyser la linamarine et la lotaustraline. La dégradation enzymatique des glucosides cyanogéniques par l'action de la linamarase contribue à la détoxification du manioc avant sa consommation. On estime que 70 % environ des glucosides cyanogéniques contenus dans le manioc cru sont éliminés par cette action enzymatique. Notons que la teneur en linamarase endogène peut varier en fonction des variétés de manioc.

Détoxification d'abord enzymatique

Lors des premières opérations de transformation du manioc, notamment de l'épluchage, du râpage ou du broyage des racines, la rupture des cellules internes favorise la mise en contact de la linamarase avec les deux glucosides cyanogéniques. La réaction enzymatique démarre alors et produit du glucose et de l'acétone cyanohydrine. Ensuite, la détoxification continue par la dissociation de l'acétone cyanohydrine en acétone et en acide cyanhydrique (HCN). Cette dissociation se produit tant que le pH est autour de 5 mais peut s'arrêter si le pH baisse trop. Cette baisse du pH peut être due à l'hydrolyse de l'amidon et des sucres réducteurs, notamment par des bactéries lactiques lors du rouissage et/ou de la fermentation du manioc.

Détoxification liée à la transformation du manioc

La détoxification du manioc, ou élimination de ses composés toxiques, est initiée par l'action enzymatique de la linamarase, puis elle se poursuit lors des différentes opérations traditionnelles de transformation de la pulpe râpée (rouissage, fermentation, pressage, cuisson). Il est donc impératif de maîtriser la conduite de ces opérations afin de bien en contrôler les paramètres, tels que le pH et la température, ce couple pouvant influencer l'équilibre des formes chimiques de cyanures (HCN et ion CN⁻). Si les opérations de transformation du manioc sont correctement menées, elles permettent d'éliminer la très grande majorité des cyanures, ou de les réduire jusqu'à des niveaux non toxiques pour la consommation,

en favorisant leur libération et leur évacuation, soit sous forme d'ions CN⁻ (solubles) soit sous forme d'acide cyanhydrique (HCN) (volatil).

Ainsi, le rouissage (ou trempage dans l'eau) des racines de manioc, épluchées ou non, est une opération couramment effectuée en Afrique (photo 45, cahier couleur). Elle accentue le ramollissement des racines, favorisant ainsi le contact de la linamarase avec les glucosides cyanogéniques et l'action enzymatique de détoxification. Le rouissage favorise également le développement de bactéries lactiques responsables de la fermentation de la pulpe de manioc. Les ions CN⁻ sont évacués dans les eaux de rouissage, de pressage et de fermentation. La cuisson-séchage, opération finale souvent effectuée pour stabiliser les produits transformés à base de manioc, permet d'évacuer l'acide cyanhydrique (HCN) volatil par évaporation.

Pour les variétés de manioc amer contenant des teneurs élevées en glucosides cyanogéniques, le soin à apporter aux opérations de transformation est crucial pour détoxifier le manioc et le rendre propre à la consommation. L'ingestion en grande quantité de racines amères crues ou bouillies pendant un temps très court peut être dangereuse car les glucosides cyanogéniques peuvent être décomposés par les enzymes de la flore intestinale et libérer de l'acide cyanhydrique (HCN) toxique pour l'organisme humain. Par ailleurs, le séchage au soleil de petits morceaux de manioc amer frais pendant une courte durée ne permet pas une libération optimale des cyanures et une détoxification appropriée. La cuisson à l'eau doit également durer le temps nécessaire à la détoxification des variétés dites amères. L'élimination des cyanures est plus efficace quand les racines sont plongées dans de l'eau froide chauffée progressivement plutôt que dans de l'eau bouillante. Il est à noter que les variétés de manioc amer sont recherchées pour certaines préparations culinaires, en fonction des caractéristiques organoleptiques recherchées (goût, texture). C'est ainsi le cas pour la galette de manioc *(casabe)* et la *fariña*, traditionnellement consommées par les Indiens Tukanoan au Nord-Ouest de l'Amazonie. Ces populations maîtrisent parfaitement la détoxification des variétés de manioc amer qui constituent environ 80 % de leur apport calorique quotidien.

Conservation postrécolte du manioc frais

Le manioc est une culture pour laquelle il n'existe pas de période de récolte déterminée, bien qu'il ne faille pas manquer le moment propice. La période optimale pour la récolte dépend de la variété et des conditions écologiques et climatiques. La récolte peut intervenir entre 6 et 12 mois pour les variétés précoces (notamment le manioc doux) et entre 18 à 24 mois pour les variétés tardives.

En Afrique, la presque totalité de la production du manioc est assurée par des paysans qui possèdent de petites exploitations, et toutes les opérations au champ, y compris la récolte, sont effectuées manuellement. Outre le fait qu'elle soit consommatrice de temps et qu'elle soit plus pénible sur des sols durs en saison sèche, la récolte manuelle peut entraîner des blessures ou dommages sur la surface des racines, ce qui favorise leur dégradation ultérieure. Dans les pays ayant développé des utilisations semi-industrielles ou industrielles à base de manioc, comme le Brésil, la Chine ou la Thaïlande, la récolte de manioc est de plus en plus mécanisée.

▷ Des racines périssables

Les racines de manioc ont pour fonction le stockage de l'énergie de la plante (sous la forme d'amidon essentiellement) : ce sont des organes de réserve vivants dont le métabolisme et la respiration continuent après la récolte. C'est pourquoi ces racines sont très périssables ; elles commencent à se détériorer 2 ou 3 jours après la récolte. Sur les marchés, le prix des racines fraîches est d'ailleurs lié à leur âge : il subit une importante décote dès le 2e jour après la récolte. La gestion de l'après-récolte est donc différente de celle d'autres plantes à racines et tubercules (igname, pomme de terre) qui sont des organes de reproduction, capables de se conserver en frais pendant plusieurs mois.

Deux types de dégradation peuvent être observés sur les racines de manioc rapidement après la récolte : la dégradation physiologique et la dégradation microbienne.

La détérioration physiologique postrécolte
(Postharvest Physiological Disorder – PPD)

La détérioration physiologique postrécolte est caractérisée par des stries colorées (noires, brunes ou bleues) qui apparaissent 72 heures après la récolte sur les faisceaux vasculaires centraux puis sur la chair de la racine, notamment sur les parties endommagées lors de la récolte (photo 43a et b, cahier couleur). Cette dégradation met en jeu des mécanismes enzymatiques internes et complexes et des réactions d'oxydation de certains composés phénoliques. Elle entraîne un ramollissement des racines et une détérioration de leur amidon et, à un stade plus avancé, un pourrissement visible avec dégagement d'odeurs désagréables et une décoloration de la chair.

La dégradation microbienne

La dégradation microbienne survient 4 à 5 jours après la récolte. Elle est due à l'attaque par une flore diversifiée de micro-organismes, majoritairement fongique, naturellement présente dans l'environnement (sol, air, eau). Cette flore pénètre dans les racines de manioc à travers des blessures liées à l'arrachage ou à une mauvaise manutention pendant et après la récolte. La dégradation microbienne conduit également au ramollissement puis au pourrissement des racines. L'élagage des parties aériennes du plant de manioc, notamment ses feuilles et une partie importante de sa tige (jusqu'à une hauteur de 20 à 30 cm du sol), pratiqué 3 semaines avant la récolte des racines, semble retarder le démarrage de la dégradation microbienne (voir page 126). En effet, le stress prérécolte induit par cet élagage semble renforcer l'immunité des racines contre les dégradations physiologique et microbienne.

Ces deux types de dégradation, qui apparaissent généralement simultanément sur les mêmes racines de manioc, rendent celles-ci invendables, causant ainsi des pertes économiques sévères. Afin d'éviter ces dégradations, des précautions sont nécessaires lors de la récolte, de la manutention et du transport des racines après récolte, afin d'éviter de les abîmer et de causer des lésions au niveau du collet (liaison entre le haut de la racine et la tige) (voir page 126 La récolte et le transport).

▨ Stratégie originale pour stocker les racines avant la récolte

En raison des conditions climatiques ambiantes et des infrastructures insuffisantes pour la conservation des racines de manioc en Afrique, la pratique traditionnelle largement utilisée pour faire face à la périssabilité des racines de manioc et en réduire les pertes postrécolte est d'étaler la récolte sur plusieurs mois, notamment pour les variétés à cycle long, en déterrant les racines arrivées à maturité au fur et à mesure des besoins. Les racines non récoltées laissées ainsi enfouies dans le sol se conservent plusieurs mois. Cette souplesse dans le rythme de la récolte est spécifique de la culture du manioc, ce qui rend cette plante très adaptée aux périodes de disette.

Cependant, le moment idéal pour la récolte se situe au stade où la racine de manioc a accumulé une teneur maximale d'amidon. Si ce stade est dépassé, les racines commencent à se lignifier, leur texture devient plus fibreuse et leur rendement en amidon baisse. Ces modifications ont une répercussion négative sur la qualité des produits issus de leur transformation et, notamment, sur la qualité de leur amidon, le rendant ainsi moins apte aux usages ultérieurs.

Ce moyen simple est certes avantageux mais il présente divers inconvénients. En effet, les sols occupés par les racines de manioc non récoltées ne peuvent plus être réaffectés pendant quelque temps à d'autres cultures, ce qui pose un problème dans de nombreux pays africains où la pression foncière est élevée. Par ailleurs, les racines ainsi entreposées dans le sol sont plus vulnérables aux attaques de rongeurs, d'animaux ou de bio-agresseurs (insectes, nématodes).

▶ Méthodes traditionnelles de conservation après la récolte

D'autres méthodes traditionnelles existent dans de nombreux pays en développement pour stocker les racines fraîches de manioc après récolte. Elles sont plus ou moins appliquées selon la disponibilité des matériaux d'entreposage.

Enfouissement des racines fraîchement récoltées dans des trous ou des fosses dont la paroi a été tapissée de paille ou de tout autre matériau végétal (figure 23). Dans certaines régions d'Afrique et d'Inde, les racines sont enduites d'une pâte d'argile avant enfouissement.

Au Nigeria, les racines de manioc sont enterrées dans de longues tranchées (2 m de longueur sur 1 m de profondeur) surmontées d'un abri doté d'un toit en paille (figure 24). Le fond de la tranchée est recouvert de branches de palmier ou de feuilles de raphia. Les racines sont déposées en alternance avec ces végétaux jusqu'au remplissage de la tranchée. La surface de la tranchée est recouverte de terre.

Des expérimentations conduites en Inde sur le stockage des racines en fosses contenant un mélange de sable et de terre à 15 % d'humidité montrent qu'après 2 mois de stockage dans ces fosses 80 à 85 % des racines sont restées saines et la perte en amidon de ces racines n'a pas excédé 15 à 20 %. Une perte significative de cyanures a également été observée.

Empilement des racines en tas recouvert de boue ou de paille, avec arrosage régulier du tas : ce dispositif permet d'éviter la déshydratation des racines.

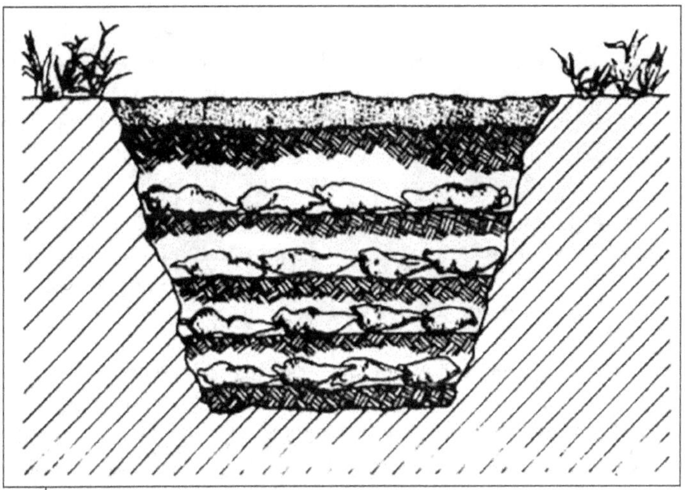

Figure 23.
Stockage du manioc dans des tranchées de terre (IITA, 1990).

Figure 24.
Stockage de racines sous abri (IITA, 1990).

En Amérique latine, les travaux menés par le NRI et le CIAT se sont inspirés des silos traditionnels des Indiens en Colombie, appelés silos-meules, notamment pour l'entreposage de la pomme de terre. Sur une aire sèche, les racines fraîchement récoltées sont empilées en tas coniques de 300 à 500 kg sur une couche de paille plus ou moins épaisse, avec l'aménagement de quelques ouvertures d'aération dans le tas. Celui-ci est recouvert de paille et de terre. Cette technique a permis de porter la durée de stockage à 4 semaines, avec des pertes minimes de masse et un faible pourrissement des racines. Cependant, cette technique exige une grande quantité de travail et requiert de l'expérience pour gérer ce type de stockage.

Stockage des racines dans des sacs de jute ou encore dans des caisses ou cagettes en bois ou en carton : on dispose au fond une couche d'un matériau protecteur (paille ou sciure de bois ou fibres de coco) humide mais non mouillé (figure 25). Un complément de ce matériau est ajouté pour combler les vides entre les racines. Au Ghana, ce sont de grands paniers garnis de feuilles de bananier fraîches qui servent à stocker les racines de manioc après la récolte. Cette technique de stockage simple allonge la durée de conservation des racines jusqu'à 4 à 8 semaines ; elle permet de commercialiser des racines fraîches de manioc sur de longues distances (protection contre les chocs, limitation des pourritures précoces) et de réutiliser les caisses et paniers. Cependant, sa généralisation a été retardée par la disponibilité limitée et le coût de ces conteneurs, ainsi que la faible quantité de racines qui peuvent y être entreposées, d'où une valeur marchande réduite. Dans certains pays d'Amérique latine, la technique de stockage dans des cagettes en bois, couplée à de la réfrigération à 10°C, a permis d'exporter les racines ainsi conservées vers des marchés régionaux ou internationaux.

Stockage des racines sur des caillebotis en bois, sous une bâche en plastique, à l'intérieur d'un hangar : c'est probablement la technique améliorée la plus facile à appliquer dans de nombreuses situations. Mais elle ne permet de conserver les racines que pendant une semaine après la récolte. Elle requiert cependant la disponibilité de ces infrastructures et matériaux et augmente de ce fait le prix des racines commercialisées.

Trempage des racines fraîchement récoltées dans de l'eau : cela se pratique dans certains pays d'Afrique, tant pour la consommation familiale que pour la revente. Cette technique s'apparente au rouissage, opération de transformation qui permet d'éliminer les composés toxiques du manioc. Ce n'est donc pas une technique de stockage proprement dite mais plutôt une solution alternative permettant de préserver la qualité des racines à consommer dans un délai très court après la récolte.

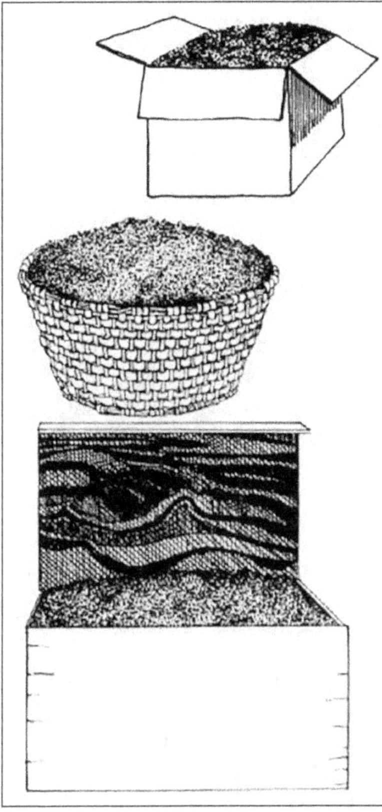

Figure 25.
Stockage des racines
dans de la sciure
(IITA, 1990).

Quelle que soit la technique de stockage utilisée, il est impératif de stocker des racines saines n'ayant pas de blessures ou de dommages apparents après la récolte, afin d'assurer une durée de vie adéquate au produit stocké. Pour les techniques traditionnelles (fosses, tranchées ou tas), il est également indispensable de veiller, en cours de stockage, à protéger les racines de l'attaque de rongeurs ou d'animaux.

Stratégies améliorées de conservation des racines après récolte

Les méthodes utilisées pour le stockage des racines de manioc après la récolte ont été progressivement améliorées pour allonger la durée de conservation du produit avant commercialisation. Ainsi, différentes techniques existent telles que : le *curing,* la réfrigération, la protection chimique des stocks ou encore l'enrobage des racines et de leur pédoncule avec de la paraffine ou de la cire.

Notons que l'emploi de fongicides et de produits phytosanitaires présente des limites pour des raisons de santé publique.

Curing (**ou endurcissement**) : il consiste à entreposer les racines fraîchement récoltées à des températures de 30 °C à 40 °C dans une ambiance très humide (85 % à 90 % d'humidité relative) pendant 2 à 5 jours. Ce traitement favorise la cicatrisation des parties endommagées lors de la récolte, au-delà du simple dessèchement des blessures, ainsi que l'endurcissement de la peau. Il permet d'allonger la durée de vie des racines fraîches de manioc, allant jusqu'à 2 à 6 mois selon les conditions ambiantes de stockage. Dans les pays tropicaux, ce traitement peut se pratiquer à l'extérieur, dans un endroit aéré, en empilant les racines en tas et en les recouvrant de jute ou d'herbe fraîche. Dans certains cas, le *curing* peut être effectué dans un local ventilé mais cela engendre des coûts d'infrastructure et de maintenance.

Réfrigération : les racines fraîches peuvent être conservées à des températures ne dépassant pas 8 °C, la température optimale de conservation se situant entre 4 et 5 °C.

Traitement fongicide (souvent à base de thiabendazole) : il s'agit d'appliquer un traitement fongicide sur les racines puis de les conditionner dans des sacs en plastique (polyéthylène) fermés hermétiquement et de les stocker à des températures ne dépassant pas 8 °C. Cette technique, employée en Amérique du Sud (Brésil et Colombie), a permis de conserver les racines pendant 2 semaines et de créer des débouchés pour les sites de production éloignés des centres de commercialisation urbains.

Enrobage à la paraffine, sans usage de fongicide et couplé à un stockage à des températures autour de 10 °C : cela a permis au Costa Rica de créer un débouché commercial à l'exportation. En Inde, le revêtement des racines avec une couche de cire mélangée à un fongicide a permis de porter la durée de conservation à 10 jours. Il est important de sécher la surface des racines avant paraffinage pour optimiser l'adhésion de la paraffine. Actuellement, la technique couramment utilisée en Colombie consiste à tremper les racines, pendant 3 secondes, dans un bain de paraffine, à une température entre 140 et 160 °C, puis à les laisser refroidir avant conditionnement dans des cartons (photo 46, cahier couleur).

La nécessité de disposer des infrastructures et des matériaux nécessaires et leur coût ont jusqu'à présent empêché la diffusion des techniques de conservation par réfrigération, enrobage à la paraffine et traitement fongicide en Afrique. Certains pays comme le Ghana et la Tanzanie utilisent des sacs tissés en paille de riz ou en fibre de coco, sans fongicide. Les racines fraîches peuvent être ainsi conservées pendant 7 jours environ, durée adaptée aux circuits de commercialisation de ces deux pays.

Le manioc dans l'alimentation humaine

Les parties comestibles du manioc, c'est-à-dire ses racines et ses feuilles, sont utilisées en alimentation humaine. Selon la teneur en composés cyanogéniques de la variété de manioc, la consommation peut être directe (produit cru ou préparation culinaire simple quand les variétés sont douces) ou faire appel à des opérations unitaires et à des procédés de transformation plus ou moins complexes (quand les variétés sont plus ou moins amères).

Consommation directe

Racines cuites à l'eau ou à la vapeur

La cuisson à l'eau est la plus courante. Les racines sont mangées chaudes ou froides, entières ou réduites en purée. Elles peuvent aussi être incorporées dans des soupes et bouillons. À l'Île Maurice, le manioc est consommé en soupe avec de la viande de bœuf ou de poulet (*katkat manioc*). En Amérique latine, les femmes préparent un ragoût de manioc bouilli et de légumes. En Afrique, le manioc bouilli est souvent réduit en purée épaisse ou sous la forme d'une pâte compacte, dont le nom varie selon les pays et les localités.

En région humide ou équatoriale d'Afrique, lors de la cuisson à l'eau, on mélange aussi le manioc avec d'autres féculents, comme le maïs, la banane plantain, l'igname, le taro ou la patate douce ; l'ensemble est pilé ensuite pour faire une pâte compacte. Elle est consommée accompagnée d'une sauce, avec éventuellement de la viande ou du poisson.

En Indonésie, les racines épluchées et lavées sont cuites à la vapeur. Elles sont écrasées, mélangées à des épices et refroidies. La purée ainsi obtenue est enveloppée dans des feuilles de bananier, placée dans un pot en terre et mise en fermentation 2 jours. Ce plat, appelé *peujeum*, est légèrement acide et alcoolisé, rafraîchissant ; il est consommé tel quel ou à nouveau cuit.

Racines rôties, cuites ou frites

Ces différents modes de consommation sont adoptés sur tous les continents. Le rôtissage, répandu en Afrique, consiste à disposer les racines entières dans de la cendre chaude ou devant le feu, jusqu'à cuisson complète. En Amérique latine, la consommation de manioc frit en tranches ou bâtonnets est fréquente en accompagnement des grillades. À l'Île Maurice, le manioc est consommé sous forme de biscuits aromatisés (cannelle, noix de coco ou sésame).

Feuilles de manioc

Consommées comme des légumes, les feuilles de manioc sont une source intéressante de protéines (jusqu'à 7 g par 100 g de matière fraîche consommable) et de vitamines (notamment A et C), constituant ainsi un excellent complément nutritionnel aux racines (photos 41 et 42, cahier couleur).

Elles sont appréciées dans certains pays producteurs d'Afrique de l'Ouest, dans la majorité des pays de l'Afrique de l'Est et du Centre et à Madagascar. Leur consommation n'est pas courante en Amérique latine et en Asie. Bouillies, entières ou hachées, elles sont servies comme des épinards, accompagnant féculents, poissons ou viandes (*mataba* aux Comores, *matapa* au Mozambique, *vatapá* au Brésil, *Kpwem* au Cameroun).

Elles peuvent contenir des composés cyanogéniques qui sont éliminés par cuisson prolongée dans l'eau bouillante ou séchage au soleil. Certaines variétés sont spécifiquement cultivées en Tanzanie pour leurs feuilles. En République centrafricaine, les agriculteurs privilégient les variétés sensibles au virus de la mosaïque car leurs feuilles sont plus sucrées que celles des variétés résistantes. En République démocratique du Congo, le marché local des feuilles de manioc est très développé, notamment pour leur consommation avec du riz dans un plat typique, le *mpondu*.

Transformations alimentaires du manioc

Les transformations alimentaires du manioc permettent :
– de stabiliser les racines périssables en réduisant leur teneur en eau et en allongeant leur durée de conservation ou de consommation ;

– de réduire les pertes postrécolte, de faciliter le transport des produits issus du manioc et d'améliorer leur accessibilité aux consommateurs ;
– de conférer aux produits finis des caractéristiques sanitaires, nutritionnelles et organoleptiques désirées ;
– de diversifier le régime alimentaire des populations ;
– d'ajouter de la valeur aux racines de manioc, d'élargir les potentialités commerciales des marchés locaux, régionaux ou internationaux et de contribuer à la création d'emplois, à l'essor des petites entreprises agroalimentaires et au développement économique des filières du manioc.

Opérations unitaires et procédés de transformation

De nombreuses opérations unitaires et procédés utilisés pour la transformation alimentaire du manioc sont communs à la fabrication de nombreux produits, avec certaines variantes selon les continents et parfois selon les pays dans un même continent. Notons que l'épluchage et le râpage des racines sont les opérations de base par lesquelles débutent tous les procédés de transformation du manioc. Le rouissage et la fermentation sont surtout appliqués sur le continent africain car ces opérations répondent au contexte spécifique (variétés plutôt amères, goût fermenté répondant à la demande des consommateurs). Enfin, la déshydratation par cuisson ou par séchage et le tamisage sont des opérations systématiquement effectuées à la fin de la transformation du manioc.

L'épluchage des racines se fait généralement à la main, avec des couteaux (photo 44, cahier couleur). Cette opération, souvent pratiquée par des femmes, joue un rôle important dans la cohésion sociale du groupe en Afrique. La mécanisation de l'épluchage a été testée par l'IITA et pratiquée en Amérique latine et en Asie mais une finition manuelle était toujours nécessaire, en raison de la forme irrégulière de la racine de manioc. Aucune mécanisation de l'épluchage ne semble rentable pour les structures familiales ou artisanales.

La désintégration de la racine de manioc en pulpe se fait à l'échelle artisanale par broyage/pilage dans un mortier. En Afrique de l'Ouest, cette technique a été progressivement remplacée par du râpage à l'aide de tambours munis de lames en dents de scie ou de feuilles de tôle perforée. Le râpage conduit à obtenir la granulométrie finale souhaitée, tant pour les produits intermédiaires (pulpe) que finaux (semoule, farine).

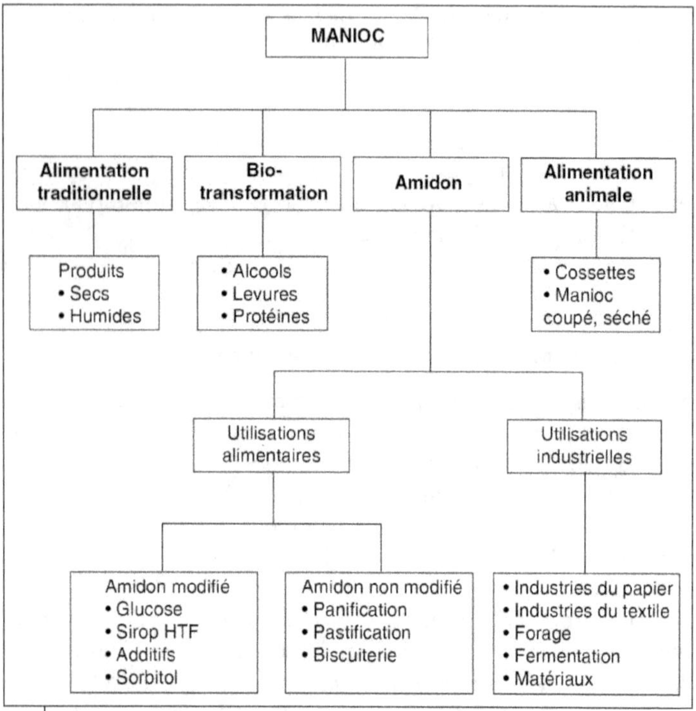

Figure 26.
Diagramme général des transformations du manioc.

Le rouissage consiste à tremper les racines, épluchées ou non, dans l'eau pendant quelques heures à quelques jours (photo 45, cahier couleur). Cette opération permet d'une part de réduire la toxicité du manioc en éliminant une partie des cyanures présents et, d'autre part, elle favorise le développement d'une fermentation par des micro-organismes, notamment par une flore lactique (lactobacilles). Cette fermentation a un double rôle : elle stabilise les produits finis en abaissant leur pH et elle leur confère des caractéristiques organoleptiques (forte odeur et saveur acide) recherchées par les consommateurs. La fermentation du manioc peut être homolactique (cas du *gari*) ou hétérolactique (cas de la *chikwangue* par exemple). Des bactéries lactiques amylolytiques performantes ont été isolées par l'IRD lors de l'étude de fermentations traditionnelles du manioc. Cela ouvre des perspectives intéressantes pour les bioconversions du manioc et l'amélioration de la qualité sanitaire des produits finis.

La fermentation est par ailleurs appliquée à l'enrichissement de farines de manioc en protéines, par l'action combinée de bactéries lactiques et du champignon *Rhizopus*. On parle alors de bioconversions ou de fermentations en milieu solide (FMS), par opposition à la fermentation en milieu liquide qui s'installe lors du rouissage. La fermentation en milieu solide de la bagasse de manioc (résidu de l'extraction de l'amidon) sous l'action d'*Aspergillus niger* a permis de produire en petit réacteur de l'acide citrique au Brésil. Du vinaigre de manioc est obtenu en faisant fermenter de la purée de manioc bouilli avec une bactérie productrice d'acide acétique.

La fermentation en milieu solide est également utilisée pour valoriser les déchets solides résultant de la transformation du manioc. Grâce à des flores microbiennes adéquates, ces déchets sont enrichis en métabolites et servent pour l'alimentation animale, ou ils sont transformés en biogaz (méthane) ou en biocompost ou encore en biomasse oléagineuse à haute valeur nutritionnelle. Quant aux effluents liquides, ils sont traités par filtration sur des supports végétaux locaux puis par l'action de bactéries anaérobies et de flores méthanogènes. L'ensemble de ces traitements permet de réduire la pollution de l'environnement par ces résidus.

Le séchage et la cuisson sont des opérations cruciales en fin de transformation du manioc. Elles permettent d'une part d'évacuer par évaporation les quantités résiduelles de cyanure volatil et, d'autre part, de stabiliser le produit fini en réduisant considérablement sa teneur en eau, critère essentiel pour son stockage et sa conservation dans des conditions contrôlées jusqu'à sa commercialisation et sa consommation. Dans les pays tropicaux, le séchage artisanal du manioc (photo 47, cahier couleur) et de ses produits dérivés est souvent opéré en exposant les produits au soleil. En saison humide ou à l'échelle industrielle, le séchage est effectué dans des séchoirs (à tambours ou à claies) fonctionnant à l'air chaud. Dans tous les cas, il est très important de contrôler les paramètres de séchage, à savoir la température, l'humidité relative et la vitesse de l'air de séchage. La cuisson est souvent effectuée sur des plaques, de diverses formes, posées au-dessus d'un foyer.

Enfin, le conditionnement des produits finis (emballages, conteneurs, infrastructures de stockage) est la dernière étape à contrôler pour garantir une qualité sûre et homogène des produits jusqu'à leur commercialisation et consommation. Le conditionnement est une étape importante pour assurer une longue conservation des produits dérivés du manioc et favoriser leur vente dans les zones urbaines.

Produits transformés à base de manioc

Les produits alimentaires transformés à partir du manioc peuvent être classés de diverses façons. Nous pouvons distinguer l'échelle de transformation (artisanale et traditionnelle, semi-industrielle et industrielle) ainsi que la nature des produits finis (produits secs, demi-secs ou humides). Dans cette partie, nous optons pour la classification selon la nature des produits finis, en précisant à chaque fois les diverses échelles de transformation rencontrées.

Notons que, même si certains procédés de transformation semblent similaires, les noms des produits qui en sont issus sont différents selon le savoir-faire et la localité. Certains de ces produits font l'objet d'un commerce sur les marchés urbains et permettent le développement de petites entreprises agroalimentaires et la création de filières locales. Il est important de noter que la transformation de ces produits doit répondre aux attentes des consommateurs, surtout en termes de caractéristiques sensorielles (couleur, goût, arôme, texture). Ces caractéristiques sont très dépendantes du cultivar de manioc utilisé (le manioc biofortifié a, par exemple, une coloration jaune de par sa teneur en caroténoïdes) et des procédés de transformation appliqués (la fermentation confère au manioc un goût acide recherché, la cuisson confère une texture spécifique).

Produits secs ou semi-secs

Certains produits secs ou semi-secs traditionnels à base de manioc sont similaires dans différents pays d'Afrique, et parfois à ceux d'autres continents, mais portent des noms différents. Il est difficile de les énoncer ici de façon exhaustive, nous présentons quelques produits connus en précisant à chaque fois la variante technologique en question et le contexte géographique concerné.

Cossettes et farines

La fabrication de cossettes consiste à laver et à éplucher les racines, éventuellement à les rouir dans le cas de variétés amères, puis à les découper en morceaux, de plus ou moins grosse taille (photos 47 et 48, cahier couleur). La découpe en petits cubes ou rondelles facilite le séchage ultérieur. En Asie, la découpe se fait avec des trancheuses. Ces morceaux seront ensuite séchés au soleil (étalés à même le sol, sur des bâches, sur les toits des maisons ou idéalement sur des claies surélevées, constituées d'un treillis métallique tendu sur un cadre en bois) et stockés (dans des greniers à céréales ou dans des sacs ou paniers). Le séchage

dépend des conditions climatiques mais ne doit pas durer longtemps pour éviter la prolifération de moisissures. Les claies doivent être exposées au soleil et inclinées pour favoriser la ventilation naturelle.

Ces cossettes sont utilisées aussi bien pour la consommation familiale, que pour la transformation en farine, pour la vente sur les marchés urbains ou pour l'exportation (cas de la Thaïlande qui exportait en Europe des cossettes de manioc destinées à l'alimentation des porcs, et exporte maintenant vers la Chine pour la production d'amidon). La teneur en eau finale des cossettes ne doit pas excéder 12 % et leur stockage doit être contrôlé afin d'éviter leur ré-humidification ou leur infestation par des insectes, ravageurs et rongeurs. Elles sont tradition-nellement stockées en vrac sur le sol, dans des sacs ou des paniers, ou alors dans des conteneurs plastiques ou des fûts.

La farine de manioc provient du broyage (manuel par pilage ou méca-nique) des cossettes séchées et de leur tamisage. L'aspect, la couleur, la saveur et l'utilisation de la farine de manioc sont différents si elle provient de cossettes séchées à partir de racines fraîches ou rouies. Une variante de la fabrication de la farine consiste à râper les racines de manioc après épluchage et à sécher cette pulpe râpée puis à la tamiser. Le produit résultant est également appelé farine. Le *lafun* est une farine consommée au Nigeria et au Bénin, produite à partir de racines épluchées, rouies et fermentées puis écrasées et séchées au soleil.

La farine de manioc sert à la confection de plats quotidiens (bouillies, pâtes épaisses, galettes) dans toutes les régions productrices (photo 48, cahier couleur). En Amérique latine, la farine de cossettes s'appelle la *farinha de raspa* et elle est utilisée en biscuiterie et autres pâtes alimentaires ainsi qu'en alimentation animale. En Indonésie, la farine de cossettes s'appelle le *glapeck*.

Au Nigeria, de nombreux travaux ont été conduits par l'IITA pour améliorer la qualité de la farine de manioc, notamment en apportant une variante au procédé de fabrication. Au lieu de broyer les cossettes séchées, les racines lavées et épluchées sont râpées ; la pulpe est pressée puis séchée au soleil et broyée, ce qui rend la granulométrie de la farine plus fine. Cela lui permet de se substituer à la farine de blé jusqu'à 10 % dans les pâtes alimentaires, 20 % dans la confection du pain, jusqu'à 25-35 % pour les pâtisseries et biscuits et 60 % pour les biscuits durs et secs. Elle peut même être utilisée à 100 % dans des préparations particulières (snacks, chips). Au-delà de ces seuils, les produits se différencient trop de ceux fabriqués exclusivement avec du blé et ne correspondent plus à la demande des consommateurs africains.

Cassave

La *cassave* est une galette plate consommée dans les Caraïbes et en Amérique du Sud (photo 56). Le même produit est connu en Afrique de l'Ouest, notamment au Bénin, sous le nom de *abloyoki*. La racine de manioc est râpée et la pulpe humide est disposée dans des moules qui donnent la forme aux galettes. Celles-ci sont séchées puis étalées sur une plaque pour être cuites sur un feu. La *cassave* a une teneur en eau de 12 %, elle peut se conserver une semaine. Elle est consommée comme du pain pour tartiner ou pour éponger une sauce ou une soupe. Un produit similaire est la *sispa*, petite galette préparée à partir d'un mélange d'amidon de manioc et de noix de coco.

Semoules de manioc : gari, chive, farinha

Le *gari* en Afrique de l'Ouest, le *chive* en Bolivie, la *farinha* au Brésil ou le *couac* dans les Caraïbes forment une même catégorie de produits, les semoules à base de manioc, ayant l'aspect d'une farine grossière ou de couscous (photos 49, 50, 51, cahier couleur).

Le *gari* est très consommé en Afrique de l'Ouest (Bénin, Togo, Ghana). C'est une semoule obtenue après lavage et épluchage des racines. Celles-ci sont alors râpées et transformées en pulpe. Le râpage est effectué soit à la main soit de plus en plus sur une plaque métallique perforée (photo 49, cahier couleur). La pulpe résultante est mise dans des sacs en jute sur lesquels on dispose de lourdes pierres pour faciliter l'égouttage. À l'échelle semi-industrielle, le râpage est effectué au moyen d'une râpe mécanique ou électrique et le pressage se fait dans une presse à vis. La pulpe est laissée fermenter pendant 2 à 6 jours selon le goût acide recherché. Le jus de pressage est souvent éliminé, parfois récupéré pour en décanter l'amidon (photo 50, cahier couleur). Le gâteau pressé obtenu est émietté à la main pour redonner à la pulpe une structure granulaire, puis passé dans un tamis traditionnel constitué de lianes tressées. Les fibres sont ainsi éliminées.

Puis, la pulpe est cuite dans un canari d'argile, chauffé sur un feu de bois. Dans certaines variantes du *gari*, de l'huile de palme est ajoutée, soit par enduction de la plaque de cuisson, soit incorporée à la pulpe avant ou pendant la cuisson. Les femmes agitent continuellement la pulpe pendant la cuisson, avec une spatule en calebasse, pour éviter la formation de grumeaux. Cette dernière opération de cuisson-séchage est appelée « garification » (photo 51, cahier couleur). Elle constitue, avec la fermentation, une étape importante pour l'obtention d'un *gari* de qualité. L'agitation doit être lente en début de cuisson, de façon à conserver une humidité suffisante permettant à l'amidon de gélatiniser, puis elle doit être énergique pour évacuer l'eau du produit jusqu'à une teneur finale de 10 % permettant une bonne conservation pendant plusieurs mois.

Les critères de qualité du *gari* sont sa couleur légèrement dorée, son croustillant, son goût acide, sa granulométrie et son pouvoir gonflant quand il est consommé dans les ragoûts ou mélangé avec de l'eau ou du lait. Le rendement est de 20 kg de *gari* pour 100 kg de racines entières lavées.

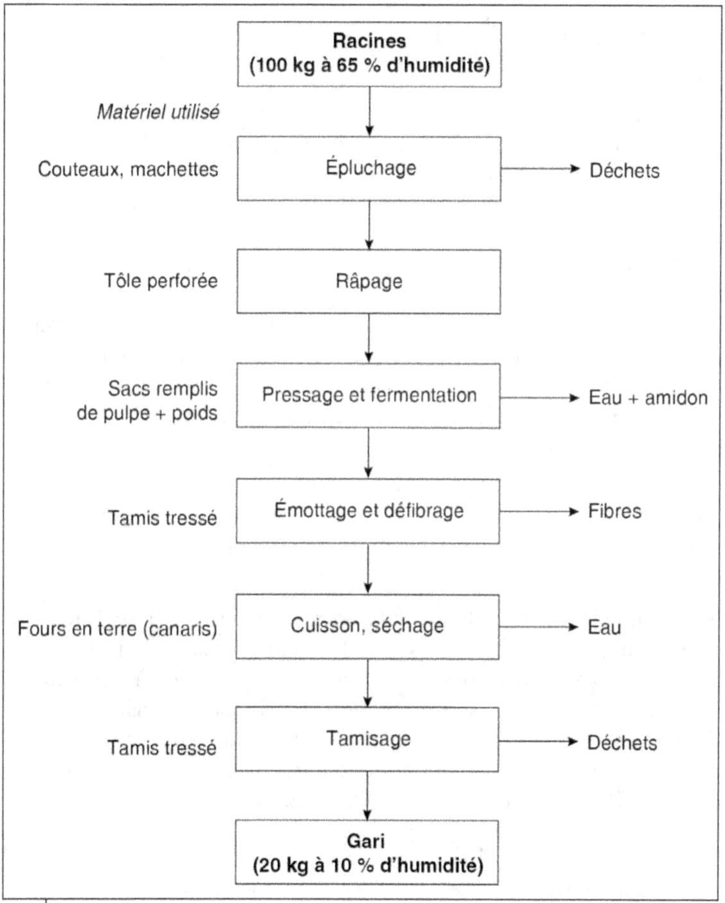

Figure 27.
Diagramme de transformation du manioc en *gari*.

La fabrication du *chive* en Bolivie est exactement similaire à celle du *gari* en Afrique. Celle du *couac* aussi avec deux variantes : le pressage de la pulpe est effectué dans une vannerie tubulaire (la couleuvre) qui est étirée afin d'éliminer le jus de pressage, et la cuisson se fait sur une plaque métallique. La fabrication de *farinha* au Brésil est identique en tous points mais n'inclut pas d'étape de fermentation. La *farinha* entre dans de nombreux plats brésiliens (photo 53, cahier couleur). Ce sont des entreprises de toutes tailles (artisanales, semi-industrielles ou industrielles) qui la fabriquent. Elle constitue la nourriture de base des populations rurales mais elle est aussi un produit festif, haut de gamme, particulièrement en ville.

Attiéké

Produit prisé en Côte d'Ivoire et au Bénin, l'*attiéké* est une semoule de manioc fermenté cuite à la vapeur d'eau (photo 54, cahier couleur). Il est fabriqué selon les mêmes opérations que le *gari*, avec comme différences : le semoulage du gâteau de pressage (au lieu de l'émiettage pour le *gari*) et une cuisson à la vapeur au lieu d'une cuisson sèche. C'est donc un couscous humide qui a une teneur en eau finale de 57 %. Le rendement est de 60 kg d'*attiéké* pour 100 kg de racines entières lavées. Il est consommé frais de préférence, ou 3 à 4 jours après préparation, en mélange avec du poisson, de la viande ou des légumes. Pour le conserver plus longtemps, il est commercialisé sous forme séchée, on le trouve dans certaines boutiques spécialisées en Europe.

Une innovation béninoise consiste à élaborer l'*attiéké* à partir du *gari gros grain*, en le cuisant à la vapeur avant consommation. Il est alors appelé *faux attiéké* ou *attiéké-gari*. Ces produits sont de plus en plus vendus sur les marchés urbains et en alimentation de rue en Afrique de l'Ouest.

Notons que le stockage des produits secs et semi-secs à base de manioc est une étape cruciale pour assurer leur commercialisation. En effet, leur transformation abaisse leur teneur en eau jusqu'à des valeurs adéquates pour leur conservation. Mais, le manque d'infrastructures de stockage performantes et les fluctuations climatiques peuvent entraîner leur ré-humidification et leur attaque par des insectes et rongeurs, ce qui peut dégrader leur qualité marchande.

Pâtes et nouilles à base de manioc

La fabrication de pâtes et de nouilles à base de manioc a été testée au Nigeria et en Indonésie, à l'échelle semi-industrielle, dans le but de substituer la farine ou la semoule de blé par celle du manioc. La farine de

manioc ne contient pas de gluten, protéine responsable de la structuration du réseau protéique dans les produits de panification (pain, biscuits) et de pastification (pâtes, nouilles). De ce fait, elle est désavantagée par rapport au blé pour ce type de produits. La formule ayant eu du succès a consisté à utiliser un mélange de farine de manioc et de farine de blé, dans un ratio 5/1, en présence d'eau, d'œufs (qui agissent comme émulsifiants), de sel et de bicarbonate de sodium ou de potassium. La technique de fabrication consiste à former une pâte avec ce mélange, à la laisser reposer puis à la laminer ou extruder et ensuite à la sécher.

Manioc congelé

Dans certains pays d'Amérique latine, la congélation du manioc a ouvert des débouchés commerciaux, tant au niveau national qu'à l'export vers l'Europe et les États-Unis pour leurs marchés ethniques ainsi que vers le Japon. Les racines ou parties de racines de manioc (cubes, dés, tranches) sont emballées dans des sachets en plastique et congelées. La congélation rend la texture spongieuse mais le produit garde toute sa saveur. Les racines demeurent encore consommables environ 4 jours après décongélation. Ce procédé exige des équipements et de l'énergie, il n'est pas encore très développé pour la transformation du manioc en Afrique.

Snacks de manioc

Le marché des produits extrudés ou *snack food* (aliments de grignotage) est florissant au niveau mondial. Les fabricants s'intéressent de plus en plus à des matières premières autres que la pomme de terre. Le manioc est utilisé depuis quelques années pour la fabrication de ces aliments. La technique de fabrication consiste à former une pâte à partir d'amidon ou de farine de manioc en milieu aqueux. La pâte passe ensuite dans un extrudeur où elle est cisaillée sous l'action de la chaleur, elle traverse des tubulures où elle prend la forme souhaitée pour les snacks finaux. Les snacks sont ensuite séchés, parfois frits, et aromatisés. Ils sont ensuite emballés dans des sachets en plastique étanches. Ce type de produits gagne de plus en plus les grandes surfaces dans de nombreuses villes des pays producteurs ou importateurs de manioc. De nombreux fournisseurs proposent des équipements qui s'adaptent à diverses matières premières.

Produits humides ou liquides

Les produits humides à base de manioc ont une teneur en eau plus élevée que celle des produits secs ou semi-secs. Ils ne subissent en général pas d'étape de séchage mais une cuisson avant consommation. Cela rend leur conservation plus délicate sans réfrigération. Ils doivent être consommés dans un délai court après la transformation.

Foufou ou fufu

C'est une pâte de manioc fermenté, de texture assez consistante, très prisée dans plusieurs pays d'Afrique de l'Ouest (Côte d'Ivoire, Togo, Bénin, Nigeria et Ghana). Les racines sont pelées, rouies (selon les variétés de manioc utilisées) puis cuites dans l'eau bouillante. Le tout est écrasé dans un mortier pour donner le *fufu* qui peut être mélangé avec du plantain ou d'autres tubercules (photo 58, cahier couleur). Cette pâte est consommée en roulant des boulettes à la main et en les trempant dans des sauces à base de poisson, de viande et de légumes.

Chikwangue

Produit très consommé au Congo et en Afrique centrale, la *chikwangue* est préparée à partir de racines rouies, épluchées et écrasées. La pulpe résultante est défibrée et laminée avec un peigne ou malaxée au pilon. Elle est ensuite laissée égoutter et reposer puis elle est modelée en forme de boules. Ces boules sont emballées dans des feuilles de végétaux locaux et cuites à la braise ou dans l'eau. La *chikwangue* peut être consommée ou vendue après cette cuisson mais elle peut également, après refroidissement, subir de nouveau le malaxage, l'emballage dans les feuilles et une deuxième cuisson à la braise ou à l'eau (figure 28). C'est alors la *chikwangue* à 2 cuissons (*bâton massue*) commune en République démocratique du Congo ou le *bâton aniezok* dans le nord du Gabon. La *chikwangue* est donc un produit humide qui doit être consommé rapidement (3 à 4 jours au maximum) après fabrication (photo 57, cahier couleur).

Miondo

Le *miondo* est une variante de *chikwangue*, dans la catégorie des bâtons de manioc. Les racines non épluchées sont mises à rouir dans l'eau pendant 3 jours à température ambiante (28 à 30°C), ce qui les ramollit et initie la fermentation. Les racines sont ensuite pelées et écrasées. La pulpe résultante est égouttée et broyée puis pétrie sur des cylindres afin de former des bâtons. Ces bâtons sont enveloppés dans de larges feuilles de végétaux locaux et cuits dans l'eau bouillante pendant 50 minutes. Des variantes du *miondo* sont le *bobolo* (bâton long) et le *mintoumba* (boule) au Cameroun.

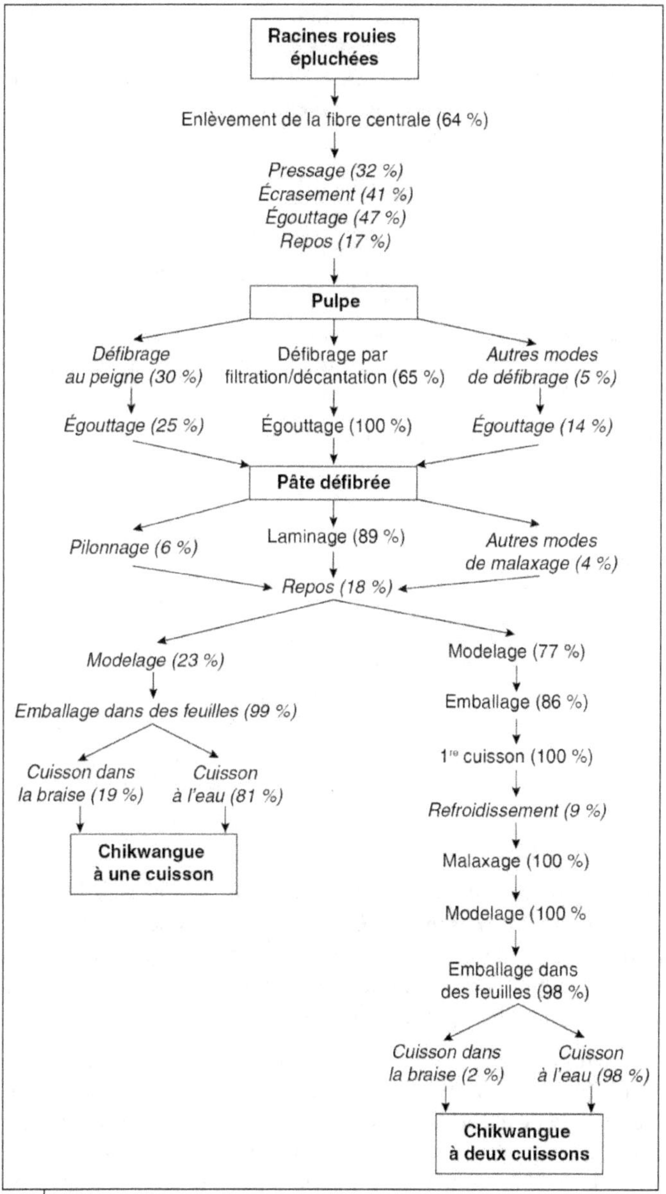

Figure 28.
Diagramme de transformation du manioc en *chikwangue*.

Le *bononoka* ou fromage de manioc est un produit fermenté au goût très fort, consommé à Madagascar. Il est préparé par rouissage (pendant 2 semaines) suivi d'une cuisson à la vapeur des racines. Celles-ci sont ensuite coupées en tranches puis vendues. La conservation est de l'ordre d'une semaine.

Boissons sucrées et bières de manioc

La fabrication de boissons sucrées à partir du manioc est traditionnelle en Amérique latine et aux Caraïbes. Le jus de pressage de la pulpe de manioc est bouilli pendant plusieurs heures, jusqu'à obtenir la consistance désirée. Le jus de manioc bouilli ou fermenté est souvent mis à macérer avec du piment et consommé comme une sauce (*toucoupi*) au Brésil.

En Guyane, le *cachiri* est la boisson traditionnelle amérindienne fabriquée à partir du manioc. Les femmes mâchent la pâte de manioc détoxifiée (racines épluchées, râpées, comprimées à la main et cuites) puis elles la recrachent dans une jarre où cette préparation fermente pendant quelques jours.

La mastication est une étape courante pour de nombreuses boissons de manioc latino-américaines et caribéennes. Elle accélère la fermentation car les enzymes salivaires provoquent la transformation de l'amidon en sucre. La plupart des boissons alcoolisées traditionnelles sont préparées de cette manière. En Amazonie, des morceaux de manioc coupés finement et bouillis sont comprimés, mâchés et mis à fermenter 1 à 3 jours. Aux Antilles, c'est à partir de pulpe de manioc doux mastiquée par des jeunes filles vierges qu'était fabriquée la bière des guerriers, appelée *ouïcou*.

La préparation de bières de manioc est répandue en Amérique tropicale. On les appelle *kashiri* ou *chicha*. Des racines de manioc entières sont rouies dans un ruisseau pendant une semaine pour que la fermentation se produise. Ensuite, elles sont écrasées, on y ajoute de l'eau et la bouillie liquide est laissée au repos 3 jours avant consommation.

La fabrication de boissons à partir du manioc n'est pas habituelle en Afrique. Toutefois, on peut citer quelques exemples. En Ouganda, la farine de manioc additionnée d'eau est mise à fermenter pendant une semaine. Puis on la fait griller sur le feu et on la met dans un récipient rempli d'eau dans lequel on ajoute de la levure. Au bout de 8 jours, le liquide est filtré, additionné de sucre et mis à fermenter pendant 4 jours. On utilise aussi la farine de manioc pour faire de la bière en

Afrique du Sud, dans le sud-ouest de la Zambie et en Angola. En République démocratique du Congo, la bière *munkoyo* est fabriquée à partir de la farine de manioc : celle-ci, additionnée d'eau (10 l pour 4 kg de farine), est agitée, cuite lentement jusqu'à ébullition, refroidie jusqu'à 60-65 °C. On ajoute au mélange 3,5 kg de fibres d'une racine sauvage, le *munkoyo*. Le mélange empâté se liquéfie et devient sucré. Les fibres sont enlevées et le liquide est mis à fermenter. Selon les localités, la bière *munkoyo* est fabriquée à une échelle semi-industrielle.

La *tiquira*, alcool de manioc consommé au Brésil, présente une coloration rosée et des arômes agréables. Les racines sont épluchées et râpées, des gâteaux de 3 à 4 cm d'épaisseur sont formés avec la pulpe préalablement pressée et toastés pour gélatiniser l'amidon. Ces gâteaux sont ensuite placés dans une jarre, séparés les uns des autres par un tapis de feuilles de manioc et laissés ainsi à l'abri de la lumière, dans une ambiance chaude et humide, pendant 1 à 12 jours. Durant cette période, se développe une flore fongique *(Aspergillus, Penicillium)* qui va hydrolyser et saccharifier l'amidon gélatinisé. Les gâteaux sont alors émiettés en présence d'eau jusqu'à l'obtention d'une concentration en sucres de 14° Brix. Cette solution est mise à fermenter pendant 48 heures puis distillée jusqu'à obtenir un degré d'alcool de 54° Gay Lussac.

La fabrication de bières de manioc commence à percer à une échelle semi-industrielle dans certains pays. Ainsi, au Mozambique, l'*Impala* est une bière à base de manioc fabriquée par SABMiller. Le manioc remplace le malt et le houblon qui étaient importés ; de ce fait, les coûts de production de la bière *Impala* sont moindres. La fabrication de cette bière contribue à l'économie locale en procurant un appui aux petits producteurs et à la création d'emplois. Elle est commercialisée dans l'ensemble du pays. Vendue environ 30 % moins chère que les bières au houblon, elle cible les consommateurs à bas revenus. L'objectif est de détourner les consommateurs des bières artisanales qui, souvent, ne respectent pas les normes d'hygiène.

En avril 2016, a été lancée la *kalinago*, une bière artisanale à base de manioc et fabriquée en Martinique. La recette est similaire à celle d'une bière classique (malt d'orge, eau, levure) avec l'ajout de manioc qui donne un goût âpre. En Papouasie Nouvelle-Guinée, l'entreprise SP Brewery travaille depuis 2014 à la réalisation d'une bière au manioc. Plusieurs tests viennent d'être effectués, mais la nouvelle boisson ne serait pas commercialisée avant encore au moins deux ans. L'entreprise cherche à remplacer 30 % du malt importé par du manioc produit localement par les exploitants agricoles de la province de Morobe.

L'amidon de manioc : un ingrédient noble aux multiples usages

Propriétés fonctionnelles de l'amidon de manioc

L'amidon est un polymère constitué d'amylose et d'amylopectine, qui sont des assemblages soit linéaires (amylose) soit ramifiés (amylopectine) de molécules de glucose. Il se présente sous forme de poudre blanche constituée de granules fins visibles au microscope. Les granules d'amidon sont totalement insolubles dans l'eau froide. Leurs propriétés se révèlent après cuisson. Quand l'amidon est chauffé dans un excès d'eau (traitement hydrothermique courant lors des transformations alimentaires ou non alimentaires), il subit une série de modifications : gonflement des granules et début d'empesage (ou gélatinisation), perte de cristallinité des granules, solubilisation de l'amylose et augmentation de viscosité. Puis, au cours du refroidissement, des mécanismes de rétrogradation conduisent à la formation d'un gel (ou gélification). L'ensemble de ces modifications (empesage, gélification, refroidissement, rétrogradation) confère à l'amidon des propriétés fonctionnelles et aptitudes technologiques intéressantes.

Ces propriétés fonctionnelles sont dépendantes de la teneur de l'amidon en amylose. Les amidons extraits des racines et tubercules, notamment à partir du manioc, ont des spécificités par rapport aux amidons extraits des céréales. Ils ont une teneur plus faible en amylose, des granules plus larges, une solubilisation et une cuisson plus rapides, une capacité d'hydratation et de rétention d'eau plus élevée. Les gels formés sont plus clairs et plus souples. L'amidon de manioc est recherché par exemple pour sa viscosité élevée à chaud ou sa dissolution à température ambiante. La variété de manioc a une grande influence sur les propriétés fonctionnelles et les aptitudes technologiques de l'amidon qui en est extrait. Des essais menés au CIAT ont identifié une variété de manioc ne contenant pas du tout d'amylose (appelée *waxy*). L'étude des propriétés fonctionnelles et du rendement de cette variété est en cours.

En fonction des demandes industrielles diverses pour des propriétés fonctionnelles modifiées «sur mesure», l'amidon peut subir des traitements physiques (mécaniques ou thermiques), chimiques (hydrolyse acide par exemple) ou enzymatiques pour acquérir d'autres propriétés fonctionnelles que celles dues au traitement hydrothermique classique. On parle alors d'amidons modifiés (amidons stabilisés, réticulés, fluidifiés, etc.).

Nous présentons ci-dessous les procédés utilisés, aux échelles traditionnelle, semi-industrielle et industrielle, pour l'extraction de l'amidon de manioc ainsi que les traitements spécifiques que cet amidon peut subir pour donner lieu à une gamme de produits à usages plutôt industriels. Notons que les développements industriels à partir d'amidon de manioc ont été plus importants dans des pays d'Amérique latine (Brésil) et d'Asie (Thaïlande, Chine) qu'en Afrique. Cela est notamment dû à certaines contraintes en Afrique comme l'approvisionnement irrégulier en racines de manioc, la difficulté à organiser les filières, la faible rentabilité des usines de transformation et l'instabilité des marchés pour les produits dérivés du manioc.

Cependant, la Banque africaine de Développement va lancer très prochainement un plan continental pour la transformation de l'agriculture africaine, dans lequel le manioc aura un rôle de premier plan. Le concept est de moderniser à la fois la production et la transformation du manioc avec l'objectif de satisfaire d'abord le marché africain, et ensuite d'occuper certains créneaux d'exportation. Du fait de l'explosion démographique sur le continent africain, la demande alimentaire est exponentielle. Par ailleurs, il y a un besoin urgent de réduire les importations de produits transformés au profit des pays africains. Le manioc paraît donc être la plante idéale pour remplir ces objectifs, si les bonnes décisions politiques sont prises, et surtout si des prêts acceptables sont accordés aux producteurs et aux entrepreneurs.

Amidon de manioc

L'extraction de l'amidon (ou fécule) de manioc est pratiquée dans toutes les régions productrices en Afrique, en Amérique latine et en Asie, que ce soit selon des procédés familiaux, artisanaux ou industriels (photos 59 à 63, cahier couleur).

Le procédé classique est le suivant : lavage, épluchage (manuel) et râpage (à la main à l'échelle artisanale) des racines en pulpe, extraction par mélange avec de l'eau (à ce stade, on parle de lait d'amidon), filtration (le résidu solide est utilisé en alimentation animale), séparation (par sédimentation à l'échelle artisanale dans des bassins ou des canaux), tamisage (élimination d'impuretés et de résidus protéiques) et séchage (au soleil à l'échelle artisanale) avant conditionnement (figure 29). Le rendement est de 20 à 25 kg d'amidon pour 100 kg de racines entières lavées, avec une teneur en eau finale de 10 à 15 %.

À l'échelle industrielle, toutes ces opérations sont mécanisées. À la réception, les racines sont contrôlées, triées et calibrées. Elles sont

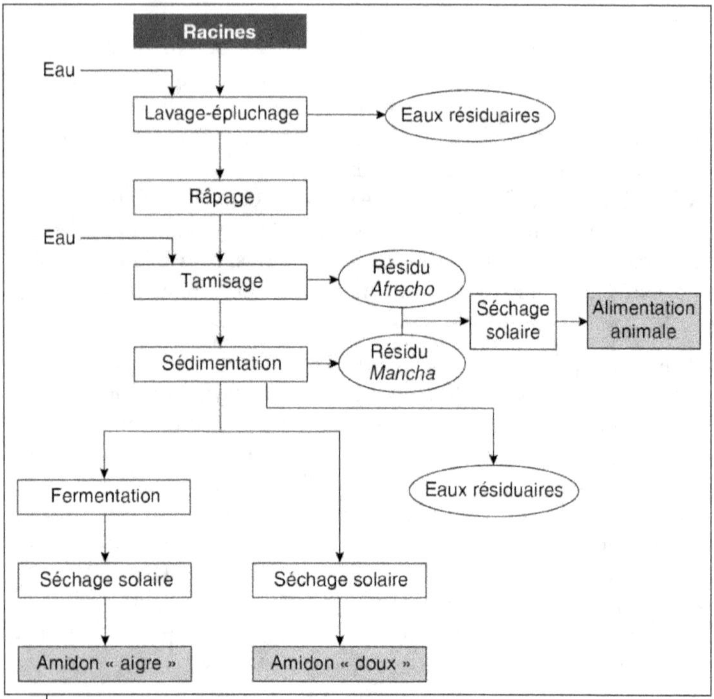

Figure 29.
Diagramme du procédé traditionnel d'extraction
de l'amidon aigre ou de l'amidon doux du manioc.

ensuite lavées dans un tambour avec pales et leur épluchage se fait par friction. Le râpage est effectué dans une râpe rotative ou dans un broyeur à marteaux. L'extraction a lieu, en présence d'eau, dans un tambour rotatif muni de tamis avec différentes mailles. La séparation ou concentration se fait par centrifugation. L'hydrocyclone est de plus en plus utilisé pour les deux étapes d'extraction et de concentration ; c'est une chambre conique ouverte par le haut pour l'alimentation en lait amidon et une ouverture au fond pour l'évacuation de l'amidon. La pulpe et l'eau circulant à contre-courant, la consommation en eau est moindre. L'amidon extrait est déshydraté dans un filtre sous vide puis séché dans une tour d'atomisation (*flash drying*).

L'extraction d'amidon de manioc nécessite de grandes quantités d'eau (10 à 60 m^3/t d'amidon produit). Au Brésil et en Thaïlande, la quantité d'eau utilisée a été pratiquement réduite de moitié grâce à

l'optimisation des équipements de lavage et de râpage des racines et au recyclage de l'eau entre différentes étapes de l'extraction.

L'amidon extrait peut être directement séché au soleil ou en séchoir, il est appelé amidon doux. En Colombie et au Brésil, l'amidon extrait subit une fermentation lactique naturelle pendant 28 jours en moyenne dans des réservoirs fermés, puis un séchage au soleil (exclusivement) sur des aires de séchage (sur des bâches au sol ou posées sur des claies) (photo 63, cahier couleur). Il est alors appelé amidon aigre de manioc (*almidon agrio* en Colombie et *polvilho azedo* au Brésil). Il est utilisé pour la fabrication de pains au fromage typiques (*pan de yuca* en Colombie et *pão de queijo* au Brésil), vendus en boulangerie, en supermarché ou consommés directement dans des cafés.

L'amidon aigre présente des propriétés spécifiques ; il est apte à la panification et permet le gonflement sans additif lors de la cuisson au four. Des études, menées par le Cirad et le CIAT, ont montré que la combinaison de variétés de manioc adaptées (dont l'amidon a une faible teneur en amylose) et le couplage de la fermentation lactique et du séchage au soleil (effet des rayons UV) confèrent à l'amidon aigre de manioc cette aptitude à l'expansion.

Cette propriété est originale car l'amidon de manioc ne contient pas de gluten, protéine présente dans le blé et responsable de la panification. De ce fait, l'amidon aigre de manioc est intéressant pour le marché des produits sans gluten. Son utilisation n'est toutefois pas encore autorisée en Europe en tant qu'ingrédient. Des essais de transfert Sud-Sud de cette technologie, entre la Colombie et le Bénin, n'ont pas été très fructueux. En effet, les pains au fromage colombiens ne répondent pas au goût des consommateurs béninois.

En Colombie, la production d'amidon aigre (12 000 t/an) est assurée par de petites unités de transformation, les *rallanderias,* situées dans la vallée du Cauca. Le Brésil produit plus de 22 000 t/an d'amidon aigre, dans de petites industries rurales ou dans de grandes usines, localisées surtout dans les États du Sud (Minas Gerais, Santa Catarina, Paraná, São Paulo).

En Amérique latine, on fait décanter le liquide issu de la pulpe de manioc râpée mélangée à l'eau. Le résidu d'amidon est rincé puis transformé : il peut être mis à sécher au soleil, il peut être consommé « cru » ou cuit au four sous forme de galettes croustillantes appelées *sipipa,* friandise très appréciée par certaines populations. En Jamaïque, l'amidon est obtenu en ajoutant de l'eau à la pulpe de manioc râpée et en l'égouttant à travers un linge pendant quelques heures. L'amidon est salé puis cuit au four en pot *bammie;* il peut aussi être séché pendant plusieurs jours, pilé dans un mortier, mélangé à de la farine et cuit en boulettes.

En Asie, les méthodes traditionnelles utilisées pour extraire l'amidon sont semblables à celles d'Amérique tropicale et d'Afrique. L'amidon extrait est gélatinisé par chauffage en présence d'eau puis séché au soleil ou au four, conduisant à la formation de perles de *sago*. Cette production a atteint un stade industriel dans certains pays asiatiques comme la Thaïlande. Le *sago* a une teneur en eau de 12% et se conserve pendant plusieurs mois.

La bagasse, résidu solide et fibreux de l'extraction d'amidon de manioc, est traditionnellement utilisée pour l'alimentation animale. Néanmoins, des essais ont été menés au Brésil pour l'utiliser comme ingrédient dans des formulations de produits alimentaires à haute teneur en fibres (pain, biscuits), répondant aux demandes d'un marché de niche pour des produits à connotation « santé », les fibres contribuant à faciliter le transit intestinal. En Chine et en Thaïlande, la bagasse est également transformée en biogaz ou utilisée comme combustible dans les chaudières.

Enfin, les eaux résiduaires ou les effluents résultant de l'extraction de l'amidon de manioc peuvent être valorisés par transformation en biogaz. Celui-ci sert alors comme source d'énergie pour alimenter les séchoirs d'amidon et contribuer à la production d'électricité pour l'ensemble de l'industrie. En Thaïlande, la majorité des industries productrices d'amidon de manioc se sont converties à cette pratique, réduisant ainsi leur consommation énergétique et l'empreinte carbone de leur activité.

Tapioca

Le tapioca est obtenu par extraction de l'amidon de manioc (comme décrit précédemment) et par roulage de l'amidon humide en perles qui pourront être séchées directement ou précuites (au Japon par exemple) avant séchage et broyage. Le tapioca permet d'épaissir les soupes, bouillons, potages, en remplacement des vermicelles. Il entre aussi dans la fabrication de purées pour bébés et de desserts (photo 52, cahier couleur).

La dénomination « tapioca » peut désigner des produits différents. Ainsi, au Bénin et au Togo, une variante traditionnelle consiste à chauffer l'amidon, encore humide, sur une plaque jusqu'à ce que les grains éclatent et forment des granulés appelés flocons de tapioca. Dans les pays d'Amérique latine et du Pacifique Sud, on extrait l'amidon des racines de manioc en les râpant, les lavant et les égouttant, puis on le fait sécher au four ou chauffer sur une plaque pour obtenir un produit granuleux ressemblant au tapioca.

Hydrolysats d'amidon de manioc

Ces produits résultent de l'action d'enzymes sélectionnées (amylases, glucoamylases, glucose isomérase, etc.) pour hydrolyser l'amidon de manioc de façon contrôlée et conduire à des produits ou hydrolysats requis pour leurs propriétés technologiques. Les hydrolysats les plus répandus sont les sirops de glucose, de maltose et de fructose, connus pour leur pouvoir sucrant et largement utilisés dans l'industrie agroalimentaire, en confiserie ou biscuiterie. Des études ont montré que le couplage de ces actions enzymatiques avec les techniques membranaires de filtration permettait un gain de temps et d'énergie dans la fabrication ainsi qu'une qualité homogène des hydrolysats (ou sirops) obtenus.

Un autre type d'hydrolysats à partir d'amidon de manioc concerne les maltodextrines (comme analogues de matières grasses) et cyclodextrines (comme agents d'encapsulation). Divers traitements enzymatiques et thermiques (cuisson-extrusion, micro-ondes) ont été testés en Equateur sur l'amidon de manioc pour son utilisation comme analogue de matières grasses, notamment dans les produits de charcuterie. Les premiers résultats étaient probants, mais le passage à l'échelle semi-industrielle n'a pas eu lieu. L'amidon de manioc devient cependant de plus en plus concurrent des amidons de pomme de terre et de maïs classiquement utilisés pour ces transformations industrielles.

Monoglutamate de sodium

Le monoglutamate de sodium est un exhausteur de goût largement utilisé dans l'industrie agroalimentaire et particulièrement apprécié dans la cuisine asiatique. Il est de plus en plus produit à partir de sources de glucides (dont l'amidon de manioc) plutôt que protéiques. Après extraction, l'amidon de manioc humide subit plusieurs hydrolyses enzymatiques successives, d'abord une liquéfaction (par une amylase) puis une saccharification totale (par une amyloglucosidase) qui conduisent à la production de glucose. Le milieu est ensuite mis à fermenter sous l'action de la bactérie *Corynebacterium glutamicum*, productrice de monoglutamate qui sera séparé et concentré.

Éthanol de manioc

La transformation du manioc en éthanol consiste en une hydrolyse enzymatique du substrat ou saccharification qui produit des sucres fermentescibles. Ceux-ci sont ensuite fermentés par des levures qui produisent le bioéthanol qui sera séparé par distillation. Un litre d'éthanol est produit à partir de 2,5 kg de cossettes de manioc ou encore à partir de 6 kg de racines fraîches (figure 30).

Le Brésil a été pionnier dans l'utilisation de l'éthanol extrait à partir du manioc comme biocarburant dans le secteur automobile (jusqu'à 20 % en complément de l'essence sans modification du moteur). Cela a permis de valoriser la production brésilienne de manioc et de réduire les pollutions environnementales liées aux carburants classiques. Les fluctuations de prix du manioc ont par la suite conduit le Brésil à le remplacer par la canne à sucre.

La production d'éthanol à partir de manioc a ensuite gagné les pays asiatiques. En Chine et en Thaïlande, de nombreuses entreprises

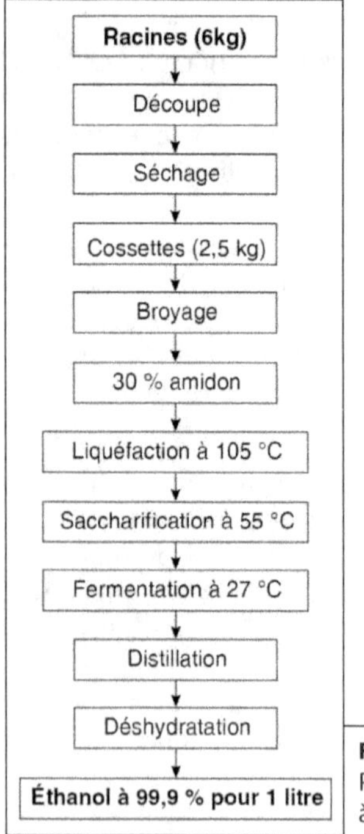

Figure 30.
Procédé de fabrication de l'éthanol à partir de racines de manioc.

transforment les cossettes séchées ou les résidus solides de l'extraction industrielle d'amidon de manioc en éthanol. La même initiative a également été lancée en Colombie.

Les coproduits (résidus, bagasses) et effluents générés par la production d'éthanol de manioc peuvent être recyclés et réutilisés, notamment en alimentation animale, ce qui permet d'en réduire l'empreinte environnementale. Les effluents résultant des étapes de fermentation et de distillation, encore appelés vinasses, sont riches en minéraux et matière organique non fermentescible. Ils sont très polluants et ne peuvent être rejetés en tant que tels. Ils subissent un traitement de floculation / coagulation par adsorption sur des polymères avant d'être incorporés dans des rations animales.

Usages alimentaires et non alimentaires de l'amidon de manioc

Les amidons de manioc, tant natifs que modifiés, sont recherchés pour apporter des solutions dans divers types d'industrie (agroalimentaire, pharmaceutique, chimique, cosmétique, etc.).

Dans l'industrie agroalimentaire, leurs propriétés fonctionnelles multiples en font des ingrédients recherchés, notamment comme :
– agent de texture et liant dans les produits de charcuterie, soupes ou farines ;
– épaississant et gélifiant, avec sensation de moelleux, dans les produits de confiserie et de pâtisserie ;
– stabilisant des émulsions et des sauces ;
– anti-agglomérant, protecteur des produits en poudre contre l'humidité qu'il absorbe sans prendre en masse ;
– agent de charge, agent d'encapsulation, édulcorant, colorant (caramel).

De goût neutre, l'amidon de manioc favorise la libération des arômes dans les plats cuisinés, les produits laitiers aromatisés et les aliments pour bébé.

Chez la multinationale Ingredion, les amidons de manioc se répartissent selon leur fonction : agents de viscosité (National Frigex, Novation 3300, Purity 69), agents de texture (Textra), agents de gélification (Purity Gum 40), amidons instantanés (Ultra-Tex 3), amidons gonflant dans l'eau froide (National T37). Chez l'entreprise Tipiak, on distingue trois gammes : Tapiocaline pour les améliorants de texture, Specialine pour les amidons modifiés et Pretaline pour les épaississants à froid.

Les amidons de manioc ont également des usages non alimentaires notamment dans les industries papetières (papier, carton), textiles, pharmaceutiques, chimiques (peintures, adhésifs et colles) où ils sont surtout utilisés comme agents de charge, adjuvants de filtration plastifiants et gélifiants / épaississants. En Asie du Sud-Est (Thaïlande, Vietnam), l'amidon de manioc est utilisé pour fabriquer des films très fins, ressemblant au polyéthylène, pour l'emballage et le conditionnement de produits alimentaires. Des essais ont été menés en France pour thermoformer des barquettes biodégradables à partir d'amidon de manioc. L'essai était concluant techniquement mais le coût des barquettes reste prohibitif en comparaison de celui du plastique. Par ailleurs, il est souhaitable d'utiliser les résidus de transformation du manioc pour élaborer ce type d'emballages plutôt que l'amidon, ingrédient noble qui peut être mieux valorisé sur le marché.

Des études menées par le CIAT et le Cirad ont testé les aptitudes des amidons extraits à partir de différents cultivars de manioc (sélectionnés parmi les 6 500 variétés constituant le germoplasme mondial du manioc). En fonction de leur teneur en amylose, ainsi que de leurs propriétés d'empesage et de gélification, les amidons sont destinés à des utilisations différentes pour répondre aux demandes des agro-industries. Cette relation entre l'influence variétale et les aptitudes technologiques de l'amidon de manioc permet d'orienter la sélection variétale afin de produire les cultivars pouvant répondre aux utilisations ultérieures souhaitées.

Le manioc dans l'alimentation animale

Dans la majorité des régions productrices de manioc, les feuilles de manioc, les épluchures et les déchets résultant de la transformation alimentaire du manioc ou de l'extraction de son amidon (comme la bagasse fibreuse) sont utilisés pour nourrir le bétail.

Les principaux produits à base de manioc utilisés pour l'alimentation animale sont les cossettes séchées (ou chips) et les pellets. Les cossettes sont obtenues par le séchage (au soleil ou à l'air chaud) de morceaux de racines, plus ou moins grossièrement coupés. La fabrication des pellets consiste à broyer les cossettes séchées puis à les extruder en présence de vapeur. Le produit issu de la filière d'extrusion est refroidi puis coupé en pellets de 15 à 20 mm de longueur. La Thaïlande compte de nombreuses usines pour la fabrication de pellets à base de manioc et d'autres racines et tubercules.

Les cossettes de manioc, en mélange avec une source de protéines, remplacent avec profit les habituelles rations basées sur les céréales, le maïs en particulier, aussi bien pour les porcins, les volailles ou les bovins à l'embouche. C'est pourquoi l'Union européenne a longtemps importé de grandes quantités de manioc séché en provenance de la Thaïlande pour les élevages porcins. Ces importations concernent aujourd'hui des volumes beaucoup plus faibles que dans les années 1970-1980, en raison des contingents douaniers appliqués par l'Union européenne sur l'importation des produits à bases de manioc face à l'abondance des céréales fourragères communautaires (voir page 14 « Un commerce international limité mais en expansion »).

Pour les pays producteurs de manioc, les cossettes pourraient remplacer le maïs importé destiné généralement aux élevages tant familiaux et artisanaux qu'industriels et semi-industriels. Des recherches menées au Nigeria ont montré que 44 % du maïs utilisé pour l'alimentation des porcins pouvaient être substitués par du manioc sans porter préjudice à l'équilibre de leur ration. Il existe donc un potentiel dans les pays producteurs pour l'utilisation locale du manioc en alimentation animale.

Marchés et filières du manioc : une diversité de chaînes de valeur

Nous utiliserons dans ce paragraphe les mots « filière » et « chaîne de valeur » pour désigner, de façon équivalente, l'ensemble des maillons et acteurs impliqués tout au long du processus de valorisation du manioc, depuis la matière première dans le champ jusqu'à l'assiette du consommateur.

Production, transformation, consommation : étapes et acteurs

La production de racines fraîches de manioc dans de nombreuses zones du monde, particulièrement en Afrique, est traditionnellement destinée en grande partie à la subsistance et l'autoconsommation ou à la vente dans des périmètres très proches des zones de production pour de la consommation directe. À l'instar d'autres produits agricoles, les filières ou chaînes de valeur du manioc comportent différents maillons et impliquent plusieurs acteurs (producteurs, vendeurs d'intrants, transporteurs, transformateurs et transformatrices, agro-industries, commerçants et commerçantes grossistes, détaillants et détaillantes et revendeurs et revendeuses, exportateurs).

S'y ajoutent des acteurs institutionnels, comme les différents ministères (agriculture, commerce, santé), les services de vulgarisation ou de promotion agricole, les chambres d'agriculture, les organisations professionnelles, les organismes de crédit et les services de douanes. Il est indispensable que tous les maillons soient connectés et que tous les acteurs œuvrent en concertation pour assurer la rentabilité de la filière. Une meilleure organisation des acteurs permet de réduire les pertes tout au long de la chaîne de valeur. Cette organisation n'est souvent pas assez structurée ou formalisée dans les pays africains malgré la volonté des pouvoirs publics et les programmes mis en place ces dernières années pour consolider et renforcer la place du manioc sur les marchés et pour l'inclure dans les actions de développement territorial.

En Afrique, le manioc est cultivé essentiellement dans des exploitations familiales de petite taille. Dans les zones rurales, ce sont souvent des intermédiaires (commerçants et/ou transporteurs) qui fixent le prix et achètent les racines de manioc directement aux producteurs. Certains producteurs vendent leurs produits bord champ ou à leur domicile, ou encore se déplacent jusqu'aux lieux de collecte villageois ou aux abords des routes. Les transporteurs représentent un maillon clé des chaînes de valeur du manioc et le coût du transport peut être un facteur limitant dans les pays où les infrastructures routières et de stockage ne sont pas performantes. Même si la plante de manioc est résiliente face aux changements climatiques et même si sa récolte peut s'étaler sur une longue période, le caractère périssable des racines une fois récoltées rend leur disponibilité irrégulière et parfois aléatoire. Cela entraîne une instabilité des prix sur les marchés. La formation des prix est étroitement liée aux pouvoirs de négociation entre vendeurs et acheteurs, elle englobe la quantité, la qualité, le coût du transport, ainsi que le mode et le délai de paiement.

La transformation du manioc est un maillon important qui permet de réduire les pertes postrécolte, d'ajouter de la valeur à cette matière première, de créer des emplois et générer des ressources financières, tout en spécialisant certaines régions rurales par type de produit fini selon leur savoir-faire. En Afrique la transformation alimentaire du manioc est majoritairement artisanale, assurée par les femmes, individuellement ou associées en groupements. C'est sans doute la farine de manioc qui a connu le plus d'initiatives de semi-industrialisation en Afrique (Nigeria, Malawi, Zambie, Bénin, Ghana), en vue de l'utiliser en mélange avec la farine de blé dans le secteur de la panification. Certaines tentatives pour industrialiser la fabrication de produits traditionnels comme le *gari* ou l'*attiéké* n'ont pas été toujours concluantes

et nombre de ces petites entreprises ont dû s'arrêter. Plusieurs raisons expliquent cela : le prix de revient plus élevé du produit semi-industrialisé, en raison du coût élevé du transport et de la main-d'œuvre, ainsi que les caractéristiques organoleptiques (goût, arôme, texture) différentes du produit semi-industriel. Les unités industrielles en Afrique se tournent davantage vers la transformation du manioc pour des usages non alimentaires, suite à l'émergence de marchés pour l'amidon (dans les industries textiles) et l'alcool (usages médicaux, boissons alcoolisées). De petites entreprises voient le jour mais leur nombre reste limité et leur production est uniquement écoulée sur les marchés nationaux. Dans les pays d'Amérique latine et d'Asie, on retrouve également des transformations artisanales à l'échelle des villages et des petites unités de transformation, notamment dans les zones rurales. Mais l'ouverture de ces pays vers les utilisations industrielles du manioc et l'export a entraîné une émergence d'industries de tailles très diverses.

Les consommateurs (ménages, foyers, restauration scolaire ou restauration de rue) sont les derniers intervenants des chaînes de valeur du manioc et de ses produits dérivés. Ils représentent des catégories très diversifiées du fait des préférences, du pouvoir d'achat, de l'usage des produits, des lieux et périodes de consommation. Cette diversité des préférences, combinée à une hétérogénéité des produits du manioc, entraîne une segmentation des marchés, celle-ci pouvant être une opportunité à saisir par les acteurs afin d'écouler des produits de différentes qualités. L'accroissement des populations urbaines dans de nombreux pays et l'émergence de catégories sociales urbaines à faibles revenus augmentent la demande en produits traditionnels à base de manioc, en raison de leur prix accessible et de leur apport énergétique. Il est à noter que l'implication des femmes tout au long de la chaîne de valeur du manioc est essentielle en raison de leur savoir-faire, leur efficience, leur connaissance des produits traditionnels et leur réseau social. De plus, elles gèrent efficacement les revenus générés pour améliorer l'alimentation et l'éducation de leurs enfants et familles et pour les réinvestir dans la production agricole et la transformation. Ce sont des acteurs de plus en plus considérés dans les programmes nationaux pour la promotion des chaînes de valeur du manioc.

▌ Exemples de chaînes de valeur du manioc

Nous présenterons ici quelques exemples de chaînes de valeur du manioc pour illustrer leur diversité dans divers pays d'Afrique, d'Amérique latine et d'Asie. Notons que la plupart des pays africains, latino-américains et asiatiques ont mis en place des programmes nationaux pour dynamiser les différentes chaînes de valeur du manioc, existantes ou potentielles, avec l'objectif de mieux relier l'ensemble des acteurs de ces filières, de créer de nouveaux débouchés et marchés, et de générer des emplois et des revenus aux populations.

Au Bénin, la chaîne de valeur du manioc joue aujourd'hui un rôle prépondérant dans l'économie et l'alimentation des populations. Le bilan vivrier national de 2013 montre un solde disponible de 1,5 million de tonnes environ, après déduction des pertes postrécolte et les divers besoins de consommation locale. Il existe donc un potentiel de développement des filières du manioc tant pour les marchés régionaux que pour l'exportation, à travers la diversification de l'offre de produits dérivés du manioc. L'analyse du système d'approvisionnement en produits dérivés du manioc destinés à l'alimentation révèle une organisation impliquant un certain nombre d'acteurs organisés dans des réseaux d'échanges. La commercialisation du *gari* par exemple est contrôlée par une chaîne d'opérateurs privés composée de grossistes, de négociants et de détaillants (photo 55). Les négociants, financés par les grossistes, collectent le *gari* auprès des transformatrices et le stockent dans les entrepôts. Les grossistes transportent ensuite le produit vers les différents marchés du pays où des détaillants le revendent aux consommateurs, soit dans des bassines soit dans des sacs en plastique. Les relations entre ces différents acteurs sont basées sur la confiance. Le *gari* est également exporté vers le Nigeria, le Niger, le Burkina Faso et des pays d'Afrique centrale.

Au Cameroun et en Côte d'Ivoire, des études font ressortir des conclusions similaires, à savoir le caractère informel des relations entre les producteurs et les autres acteurs des filières et l'absence d'appui institutionnel pour accéder au crédit et aux marchés (figure 31). Les unités de transformation en *gari*, cossettes, *attiéké*, sont souvent de très petites entreprises ou des groupements de femmes. Elles sont disséminées sur l'ensemble du territoire national et approvisionnent les marchés locaux, ce qui démontre l'importance de ces filières, mais elles peinent à être durablement viables et rentables. Les autorités politiques de ces pays souhaitent promouvoir l'essor des chaînes de valeur des dérivés du manioc et leur ouverture vers l'export.

Au Nigeria, les chaînes de valeur prédominantes sont les farines de manioc et le *gari*. Elles sont basées sur une transformation artisanale effectuée par des femmes et une commercialisation en circuits courts effectuée par des intermédiaires qui s'approvisionnent directement dans les villages. La filière *gari* assure un fort retour sur investissement

pour l'ensemble des acteurs. Afin d'impulser la production de manioc et de réduire ses importations en produits dérivés, le Nigeria promeut de nouvelles applications industrielles telles que l'incorporation de 10 à 20 % de farine de manioc localement produite dans la fabrication du pain, la production d'hydrolysats d'amidon et de sirops à haute teneur en fructose dans les confiseries ainsi que le remplacement, par de l'éthanol de manioc, de 50 % des ressources fossiles qu'il utilise comme ressource énergétique. Ces diversifications devraient augmenter la production de 10 millions de tonnes environ et accroître la rentabilité des chaînes de valeur locales. Des essais de mécanisation de la production sont en cours, en partenariat avec le Brésil.

Il est à noter que la politique agricole régionale de la Communauté économique des États de l'Afrique de l'Ouest (Cedeao) a fait du manioc un des cinq produits stratégiques à promouvoir pour réduire la dépendance de ces États vis-à-vis des importations extra-africaines.

En Ouganda et au Kenya, l'étude des chaînes de valeur des farines de manioc montre qu'elles sont génératrices de revenus intéressants pour les acteurs, avec respectivement un chiffre d'affaires annuel de 5 millions et 1 million $USD respectivement. La demande pour des cossettes de manioc émerge fortement de la part du secteur privé en vue de leur utilisation en alimentation animale. Mais le manioc reste dans ces deux pays une culture de subsistance, avec quelques efforts

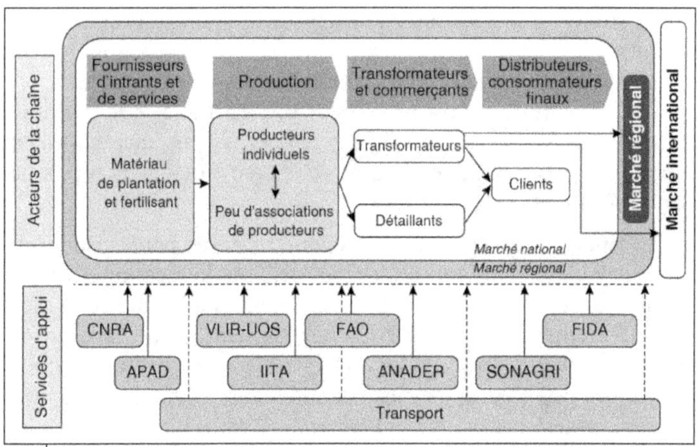

Figure 31.
Diagramme de la chaîne de valeur du manioc en Côte d'Ivoire (Coulibaly *et. al.*, 2014).

pour passer à une culture semi-industrielle. Les filières souffrent encore de l'absence d'un cadre institutionnel et politique, d'un manque de réglementations et directives claires et d'une faible organisation entre les acteurs. Comme dans d'autres pays africains, les principaux goulots d'étranglement de la chaîne de valeur concernent le faible accès à des variétés adaptées et résistantes aux maladies, au crédit, aux technologies appropriées et aux marchés régionaux et internationaux, ainsi qu'une concertation insuffisante entre les différents acteurs.

Depuis quelques années, des efforts sont faits dans de nombreux pays pour diversifier les utilisations (alimentaires et non alimentaires) du manioc et ajouter de la valeur à ses produits dérivés. L'objectif est de favoriser l'essor de très petites, petites et moyennes entreprises de transformation, de mieux relier les petits producteurs et les transformateurs aux marchés locaux, régionaux et internationaux, et donc d'améliorer leurs revenus et leurs conditions de vie.

En Asie du Sud-Est par exemple, le manioc a évolué d'une culture de subsistance à une culture industrielle, avec un marché à l'export de 3,6 milliards $USD pour les racines fraîches, cossettes séchées et amidon. Selon le CIAT, ce marché est un levier pour la création de revenus et la réduction de la pauvreté de 8 millions de ménages ruraux et de 40 millions de personnes dans la région. La Thaïlande, le Vietnam et l'Indonésie sont les principaux producteurs et exportateurs de manioc et de ses produits dérivés, mais l'Indonésie destine une plus grande partie de sa production à ses marchés locaux. Le Cambodge et les Philippines augmentent progressivement leur production. L'Inde a également augmenté ses exportations de manioc vers les pays du Golfe, le Sri-Lanka, l'Europe, les États-Unis et l'Australie. Les gouvernements asiatiques accordent actuellement plus d'importance à la culture du manioc. Le secteur privé s'engage de plus en plus dans la promotion de cette plante et de ses dérivés.

En Thaïlande, la feuille de route « manioc » tracée par les ministères promeut clairement les utilisations industrielles (fabrication d'amidon, d'éthanol et de cossettes), tant pour les marchés nationaux que régionaux et internationaux. Des mesures sont mises en place par les autorités publiques pour réguler les contrats avec les producteurs et la garantie des prix pour les racines de manioc et l'éthanol. Le gouvernement encourage également l'émergence de petites et moyennes entreprises pour la fabrication de cossettes de manioc. Ces entreprises reçoivent un accompagnement en termes de transfert technologique afin de produire des cossettes de bonne qualité qui serviront comme

matière première à de nombreuses industries chimiques. Au Vietnam, des mesures politiques ont permis de mieux connecter les producteurs de manioc localisés dans les hauts plateaux du Centre aux marchés d'export d'amidon, ce qui a généré des emplois et une amélioration des revenus dans cette région.

En Amérique latine, en zones rurales, nous retrouvons des situations similaires à celles d'Afrique et d'Asie. Mais, des programmes nationaux ont été mis en place dans de nombreux pays (Paraguay, Colombie, Équateur, Brésil) afin d'apporter un appui technique aux producteurs et transformateurs. Des organisations professionnelles, coopératives et associations ont vu le jour et ont renforcé l'action des producteurs. Le partenariat avec le secteur privé s'est également renforcé.

Dans les zones urbaines, les produits industrialisés à base de manioc (racines congelées, tranches de manioc préfrit, *snack foods* ou chips de manioc, farines conditionnées) se sont fortement développés, ils occupent actuellement une part croissante sur les marchés intérieurs ou régionaux des pays producteurs (Brésil, Colombie, Costa Rica, Thaïlande, Indonésie). Ils s'adressent à une clientèle souvent urbaine et aisée qui est demandeuse de produits prêts à l'emploi. Il existe un nombre important de petites et moyennes entreprises qui couvrent les marchés nationaux et s'étendent sur les marchés régionaux. Quelques grandes entreprises, notamment colombiennes et brésiliennes, exportent sur les marchés internationaux, notamment d'Amérique du Nord et d'Europe.

En résumant, on peut dire qu'actuellement, la production asiatique de manioc est essentiellement destinée aux transformations industrielles et à l'export ; la production africaine est plus centrée sur la transformation artisanale ou semi-industrielle destinée à la consommation humaine (nationale ou régionale). Quant à la production latino-américaine, elle se destine à des marchés locaux ou régionaux, avec une partie destinée à la consommation humaine et une autre destinée aux usages industriels.

Les marchés occidentaux. Une attention particulière doit être portée au potentiel commercial des produits dérivés du manioc sur les marchés occidentaux. Il convient alors de distinguer deux niches, l'une concernant les produits exotiques et l'autre, les produits ethniques. Les produits exotiques sont déjà vulgarisés et sont passés dans les habitudes alimentaires des consommateurs occidentaux, éventuellement après leur adaptation au goût occidental, ils deviennent partie intégrante des rayons des grandes surfaces. Les produits ethniques sont surtout consommés par les minorités ethniques nationales ou celles issues de l'immigration qui les associent à une forte identité culturelle. Ces produits restent souvent inconnus du grand public et/ou ne correspondent pas au goût du consommateur occidental. Les études de marché disponibles font en général l'amalgame entre ces deux catégories de produits. Il est illusoire d'extrapoler les dynamiques de croissance des produits exotiques vers les produits ethniques.

Dans la catégorie des produits exotiques, on retrouve les racines de manioc fraîches, paraffinées, réfrigérées ou congelées, commercialisées en Amérique du Nord, en Australie, en Europe et au Canada, ou alors des snacks pour apéritif tels que des chips extrudés de manioc fabriqués en Amérique latine ou en Asie. Concernant les produits ethniques, des boutiques spécialisées en Europe proposent de plus en plus du *gari*, de l'*attiéké* ou de la farine de *fufu*, conditionnés en boîtes de carton (photo 64).

Une étude réalisée sur les marchés français, anglais et belge a identifié les différentes filières de distribution des produits ethniques dérivés du manioc dans ces trois pays. Il s'agit essentiellement de filières africaines, indo-pakistanaises et asiatiques, avec une concurrence déloyale des importations par des filières semi-clandestines. Il ressort qu'il est illusoire de penser que les produits ethniques dérivés du manioc pourraient avoir un développement commercial en grandes et moyennes surfaces pour deux raisons : d'une part, le goût de ces produits qui n'est pas facilement acceptable pour un consommateur occidental et d'autre part, l'hétérogénéité actuelle en termes de conformité aux normes de qualité européennes.

Pour le marché ethnique servant en priorité la diaspora africaine, un nouveau modèle économique semble se dessiner, fondé sur un réseau de petites unités de production artisanale et d'une unité de conditionnement semi-industrialisée ou industrialisée, l'ensemble fonctionnant avec une traçabilité contrôlée, ce qui permet de garantir la qualité et l'authenticité des produits, ainsi que la durabilité de la filière. L'entreprise Racines S.A. (http://www.racines-sa.com/) fonctionne selon ce modèle.

▧ Conditions de l'essor des chaînes de valeur du manioc

Enfin, que ce soit pour se positionner sur des marchés locaux, régionaux ou à l'export, la consolidation et l'essor des chaînes de valeur du manioc exigent des efforts concertés, à chaque maillon de la filière, de la part de l'ensemble des acteurs. Ainsi, tout en régulant la compétition entre le manioc et d'autres matières premières comme le maïs (pour la fabrication d'amidon) ou la canne à sucre (pour la fabrication d'éthanol), il est nécessaire de favoriser :

Au niveau de la production :
– l'accès à des variétés à fort rendement et résistantes aux attaques des bio-agresseurs ;
– les crédits pour l'acquisition des intrants (boutures, engrais), moyens de production et main-d'œuvre ;
– les appuis et conseils pour optimiser les itinéraires techniques et systèmes de culture à base de manioc ;
– les infrastructures pour le transport et le stockage des racines fraîches.

Au niveau de la transformation :
– l'approvisionnement régulier en racines, en quantité et qualité adéquates ;
– les infrastructures pour le transport et le stockage des produits transformés ;
– l'accès à l'eau et à l'énergie, à des coûts abordables, avec possibilités de recyclage de déchets et d'effluents ;
– l'accès à des infrastructures techniques : la transformation sur les lieux de la récolte permet de réduire les volumes transportés, d'assurer la qualité des produits finis et d'augmenter leur valeur ajoutée. Mais cela exige de disposer d'équipements à échelle appropriée, à des coûts abordables, et d'appuis techniques pour leur maintenance et leur gestion. Il serait intéressant de promouvoir de petites unités de transformation modulaires et mobiles, qui seraient mutualisées entre différentes transformatrices ;
– le partenariat du secteur privé de la transformation (petites, moyennes et grandes industries) avec les producteurs agricoles et l'émergence et/ou la mise en place de plateformes d'innovation qui permettent des actions conjointes entre acteurs, avec des objectifs communs.

Au niveau de la commercialisation :
– la structuration des informations sur les marchés (prix, demandes, circuits de commercialisation) en privilégiant l'utilisation des nouvelles technologies de l'information et de la communication quand elles sont disponibles ;
– l'organisation des acteurs (producteurs, transformateurs, intermédiaires et commerçants) en interprofession et leur engagement formalisé par contractualisation ;
– la capacité des commerçants à prospecter de nouveaux marchés régionaux ou à l'export.

Au niveau institutionnel :
– une politique foncière permettant l'allocation de terres pour la production de manioc ;
– une politique de gestion de la fertilité des sols ;
– une politique de renforcement des capacités des acteurs et de structuration des organisations paysannes ;
– une politique de promotion des produits dérivés du manioc tant sur les marchés nationaux et régionaux qu'à l'export ;
– une politique de structuration des achats (mise en marché collective, coopératives, organisations professionnelles).
– une réglementation pour la qualité des produits dérivés du manioc ;
– une politique privilégiant le lien entre secteur privé et secteur public, notamment pour favoriser les retours sur investissement des entreprises ;
– une politique de communication et d'information auprès de l'ensemble des acteurs des chaînes de valeur du manioc, y compris les consommateurs et la société civile ;
– des politiques de régulation et/ou connexion entre filières du manioc et d'autres matières premières ou d'autres secteurs (élevage par exemple) ;
– l'appui de la recherche pour apporter des solutions aux problèmes rencontrés par la filière, identifier les nouvelles opportunités et accompagner les actions nécessaires au développement des chaînes de valeur du manioc.

Enfin, il serait intéressant de disposer, au niveau mondial, d'un système d'informations regroupant l'ensemble des données sur les chaînes de valeur du manioc par pays et par continent (lieux de production, de transformation et de commercialisation, volumes de racines fraîches produites, flux et type de produits commercialisés sur les différents marchés, organisations des acteurs, capacités de production agricole, infrastructures pour la transformation alimentaire et non alimentaire, demandes des consommateurs objectivées par des critères de qualité, réglementations et normes de qualité des produits dérivés du manioc aux échelles locales, régionales et internationales, etc.). Cet outil permettrait de constituer un observatoire mondial sur les chaînes de valeur du manioc et d'identifier leurs évolutions potentielles ainsi que les leviers d'actions nécessaires par pays et par région.

Sigles et abréviations

BAD : Banque africaine de Développement (dont le siège est à Abidjan)

CGIAR : Consortium de 15 Centres internationaux de Recherches agricoles répartis dans le monde (Montpellier, France). Originellement CGIAR signifiait Consultative Group for International Agricultural Research

CIAT : Centro Internacional de Agricultura Tropical est un des centres du CGIAR, basé à Cali, Colombie

Cirad : Centre de Coopération International en Recherche agronomique pour le Développement, établissement public de recherche français

CNRA : Centre national de Recherche agronomique, Côte d'Ivoire

Cnuced : Conférence des Nations-Unies pour le Commerce et le Développement (United Nations Conference on Trade and Development, UNCTAD), Genève, Suisse

Embrapa : Empresa Brasileira de Pesquisa Agropecuária (Institut brésilien de Recherche agricole), Brésil

FAO : Food and Agriculture Organisation of the United Nations (Organisation des Nations-Unies pour l'Agriculture et l'Alimentation, OAA)

GIEC : Groupe d'experts intergouvernemental sur l'évolution du climat (Intergovernmental Panel on Climate Change, IPCC)

GCP21 : Global Cassava Partnership for the 21st century

IIBC : International Institute of Biological Control, Grande-Bretagne

IITA : International Institute of Tropical Agriculture (Institut International d'Agriculture Tropicale), Ibadan, Nigeria (centre du CGIAR)

Inrab : Institut national de Recherche agricole du Bénin

IAPAR : Instituto Agronômico do Paraná, Brésil

IRD : Institut de Recherche pour le Développement, Marseille, France

NaCRRI : National Crops Resources Research Institute, Ouaganda

NPACI : Nepad Pan African Cassava Initiative, projet financé par le NEPAD (Nouveau partenariat pour le développement de l'Afrique, New Partnership for Africa's Development), programme de l'Union africaine.

NRI : Natural Resources Institute of the University of Greenwich, Grande-Bretagne

Nepad : New Partnership for Africa's Development

OCDE : Organisation de Coopération et de Développement Économiques (Organisation for Economic Co-operation and Development, OECD), Paris, France

OMS : Organisation mondiale de la Santé (agence des Nations-Unies) (World Heath Organization, WHO)

Onasa : Office national d'appui à la sécurité alimentaire du Bénin (financement FIDA)

PDRT : Programme de Développement des Racines et Tubercules du ministère de l'Agriculture, de l'Élévage et de la Pêche (MAEP) du Bénin

Glossaire

Adventice (*weed*) : en agriculture, on appelle adventice toute plante poussant dans un champ cultivé, sans y avoir été intentionnellement mise par l'agriculteur cette année-là. Les adventices sont souvent qualifiées de « mauvaises herbes ».

Abiotique/Biotique (*abiotic/biotic*) : en écologie, les facteurs abiotiques représentent l'ensemble des facteurs physico-chimiques d'un écosystème influençant les êtres vivants. C'est l'action du non-vivant sur le vivant. Les facteurs liés au sol (structure, composition chimique) et au climat (eau, température, lumière, air) sont des facteurs abiotiques qui peuvent provoquer des stress abiotiques (sécheresse, froid, forte chaleur, manque de lumière, toxicité chimique…). Ils sont opposables aux facteurs biotiques qui désignent les interactions du vivant sur le vivant dans un écosystème. Les stress biotiques sont ceux dus aux bio-agresseurs.

Agrobacterium (*agrobacterium*) : genre de bactéries communes du sol qui sont pour la plupart pathogènes des végétaux (ou phytopathogènes) ; le mécanisme de formation des tumeurs s'apparente à une transformation génétique, un fragment d'ADN bactérien étant transféré de la bactérie vers la plante, puis intégré dans le matériel chromosomique végétal ; *A. tumefaciens*, responsable d'une maladie appelée galle du collet, est souvent utilisé en génie génétique pour transférer un ou plusieurs gènes d'intérêt à une plante.

Amidon natif ou primaire (*native startch*) : amidon brut obtenu par extraction simple, et non modifié par quelque procédé que ce soit. La modification des amidons par traitement physique, enzymatique ou chimique de l'amidon natif permet d'améliorer leurs propriétés fonctionnelles (agent épaississant, stabilisant ou émulsifiant) et leurs aptitudes technologiques pour répondre à des demandes industrielles spécifiques.

Auxiliaire (*beneficial*) : organisme vivant bénéfique aux cultures. Ils comprennent tous les organismes antagonistes des bio-agresseurs (par exemple, les parasitoïdes) et les pollinisateurs.

Bio-agresseurs (*pests*) : appelés aussi « ennemis des cultures », organismes vivants nuisibles aux plantes cultivées et susceptibles de causer des pertes économiques. Les bio-agresseurs comprennent l'ensemble des ennemis des cultures que sont les agents pathogènes (responsables des maladies des plantes), les ravageurs et les mauvaises herbes.

Bouture (*cutting*) : fragment ou morceau de tiges ayant des bourgeons et servant de matériel de plantation par multiplication végétative.

Bouture aoûtée (*hardwood cuttings*) : bouture bien lignifiée (formée).

Brix (*Brix*) : le degré Brix sert à mesurer la fraction de saccharose dans un liquide, c'est-à-dire le pourcentage de matière sèche soluble. Plus le degré Brix est élevé, plus l'échantillon est sucré. La principale application de cette mesure concerne les fruits, les préparations sucrées en agroalimentaire (confitures, confiserie, boissons). L'appareil utilisé pour la mesure est un réfractomètre.

Cultivar (*cultivar*) : (cv) population ou variété de plante cultivée issue d'un processus de sélection.

Chaîne de valeur (*value chain*) : concept décrivant un ensemble d'activités interdépendantes ordonnées qui créent de la valeur (produit ou service). La chaîne de valeur intègre toutes les étapes depuis la production de matières premières à la consommation finale. Pour les produits agricoles elle réunit la production, les activités de transformation et la commercialisation jusqu'au consommateur final. L'efficacité d'une chaîne de valeur dépend de la capacité des acteurs impliqués à former un réseau cohérent et coordonné. Chaîne de valeur et filière sont souvent des termes employés comme des synonymes. L'approche « filière » est cependant plus axée sur l'offre, le produit brut, la concurrence entre acteurs. L'approche « chaîne de valeur » sera plus guidée par la demande, le produit fini, la coopération entre acteurs pour rechercher une meilleure compétitivité de la chaîne.

Défriche-brûlis (*slash and burn*) : voir itinérante (culture).

Détoxification (*detoxification*) : consiste à éliminer les composés toxiques du manioc. Ces composés, initialement présents sous forme de glucosides cyanogéniques, sont dégradés, lors des différentes étapes de transformation des racines de manioc, en composés plus faciles à éliminer, soit sous forme d'acide cyanhydrique (HCN) (volatil) soit sous forme d'ions CN^- solubles dans l'eau.

Durable (développement, agriculture, système) (*sustainable - development, agriculture, system*) : le développement durable est « le développement qui répond aux besoins du présent sans compromettre la capacité des générations futures à répondre aux leurs ».

Écobuage (*burning*) : pratique de défrichement par le feu qui consiste à arracher la végétation arbustive avec ses racines et leurs mottes et à les brûler en petits tas puis à épandre les cendres sur la parcelle pour l'enrichir en éléments nutritifs.

Entomopathogène (*entomopathogenic*) : micro-organismes pathogènes, généralement des champignons, qui se développent sur ou dans le corps de l'insecte et entraînent leur mort.

Feuilles glabres / pubescentes (*glabrous / pubescent leaf*) : feuilles sans poil / avec poils.

Filière (*commodity chain*) : voir chaîne de valeur.

Germoplasme (*germplasm*) : est l'ensemble pour une espèce (animale ou végétale) des ressources génétiques vivantes, telles que les graines ou les tissus, qui sont entretenues à des fins de sélection, de préservation de la biodiversité ou de recherche. Ces ressources peuvent prendre la forme de collections de graines ou de vitroplants conservées dans des banques de semences ou de gènes, de plantes entières conservées au champ ou en serre.

Hivernage (*rainy season*) : période qui correspond à la saison des pluies en zone tropicale.

Incidence (exprimée en %) d'une maladie ou d'un ravageur (*incidence of pest or desease*) : c'est le rapport du nombre de plantes ayant au moins un organe attaqué (par exemple une feuille) sur le nombre de plantes total × 100.

Itinérante (agriculture, culture) (*shifting cultivation*) : système de culture qui commence par un défrichement suivi d'un ou plusieurs cycles de culture puis par plusieurs années de repos (jachère). La défriche-brûlis (*slash and burn*) est la forme la plus fréquente de ces systèmes dans lequel le défrichement se fait par coupe et brûlage des ligneux en laissant les plus gros arbres.

Jachère (*fallow land*) : terre cultivable laissée temporairement en repos sans culture pour reconstituer la fertilité du sol.

Marché ethnique (*ethnic market*) : marché de produits exotiques dont les consommateurs sont essentiellement des personnes issues des pays producteurs de ces produits peu connus des clients autochtones. En Europe, aux États-Unis et au Canada, le manioc est typiquement un produit de marché ethnique alors que par exemple la patate douce, produit exotique, est maintenant achetée par des consommateurs de toutes origines culturelle et géographique.

Multiplication sexuée (*sexual reproduction/seed propagation*) : reproduction de plantes à partir de graines.

Multiplication végétative (*vegetative propagation*) : reproduction de plantes à partir de fragment d'organes (boutures de tige, fragment de tubercule) autres que la graine. La multiplication végétative est un clonage qui reproduit à l'identique les individus à partir d'un plant-mère sans variation génétique.

Opérations unitaires (*Processing unit operations*) : différentes étapes d'un procédé de transformation alimentaire visant à transformer la matière première (racine de manioc) en produit fini (*gari* par exemple). Ainsi, l'épluchage, le râpage, le rouissage, la cuisson, sont des exemples d'opérations unitaires. Ces opérations unitaires font appel à une séquence d'actions permettant de transformer le produit initial, tout en recherchant et maîtrisant les caractéristiques de qualité souhaitées pour le produit fini.

Orthodoxe (*orthodox*) : les graines orthodoxes sont des semences qui supportent une dessiccation poussée (jusqu'à 8 % ou 10 % d'humidité relative, voire moins) permettant de les conserver *ex situ* très longtemps en récipient hermétique placé au froid. Elles s'opposent aux semences récalcitrantes, qui ne survivent pas à la dessiccation et au froid.

Parasite (*parasite*) : être vivant qui se développe sur ou dans un autre être vivant, appelé hôte, sans le tuer.

Parasitoïde (*parasitoid*) : organisme vivant qui se développe à l'intérieur d'un autre être vivant, appelé hôte, et le tue inévitablement au cours ou à la fin de son développement. Les parasitoïdes peuvent être des insectes, des nématodes, des champignons... Ils s'attaquent majoritairement aux insectes. La grande majorité des parasitoïdes sont cependant des insectes de la famille des hyménoptères ou des diptères qui pondent directement sur l'œuf ou la larve de leur hôte. Les parasitoïdes des ravageurs des cultures sont des auxiliaires de l'agriculture de plus en plus utilisés en agriculture biologique.

Parc à bois (*nursery*) : parcelle de multiplication de plantes de manioc optimisée pour la production de boutures.

Pesticide (*pesticide*) : substance chimique utilisée dans l'agriculture pour lutter contre les bio-agresseurs des cultures ou des produits récoltés.

Phloème (*phloem*) : tissu conducteur de la sève élaborée chez les plantes vasculaires.

Plantes à racines et tubercules (*root and tuber crops*) : ensemble de plantes dont les réserves glucidiques (amidon) sont stockées dans les racines ou tiges souterraines tubérisées qui sont comestibles. Exemple : manioc, patate douce (racines) ou igname (tubercules).

Pluviométrie mono et bimodale (*mono and bimodal rainfall distribution*) : caractérise la distribution des pluies au cours d'une année. En régime monomodal il y a une saison des pluies et une saison sèche. En régime bimodal il y a deux saisons des pluies souvent très différentes en durée et en quantité de pluies, séparées par deux saisons sèches plus au moins prononcées. Dans ce cas, on parle généralement de saisons des pluies et de saisons sèches grandes et petites.

Portion comestible (*edible part*) : correspond au parenchyme ou à la chair de manioc qui sera consommée, une fois les parties non comestibles (les épluchures ou épiderme, l'écorce fibreuse interne ou phelloderme et la fibre centrale) retirées.

Postrécolte (*post-harvest*) : ensemble des opérations techniques réalisées après la récolte y compris le transport et le stockage qui dans le cas du manioc comprennent les différentes techniques de transformation des racines (découpe, épluchage, rouissage, séchage…).

Ramification trichotomique (*three stem branching*) : formation de trois branches à un même niveau d'une plante.

Ravageur (*pest*) : animaux qui endommagent ou détruisent les plantes cultivées. Synonyme : (dé)prédateur. On parle souvent de ravageurs et maladies (*pests and deseases*) le terme maladie désignant les organismes inférieurs (virus, bactéries, champignons) néfastes aux cultures.

Rouissage (*retting*) : consiste à tremper les racines de manioc, épluchées ou non, dans de l'eau pendant une durée allant de quelques heures à quelques jours. Cette opération favorise d'une part le ramollissement des parois végétales et donc l'élimination des composés toxiques du manioc et, d'autre part, le développement d'une flore de bactéries lactiques qui va entraîner la fermentation de la pulpe de manioc et le développement de caractéristiques organoleptiques (arôme et goût) souhaitées.

Seedlings : jeunes plantes issues de graines.

Vitroplant (*tissue culture plantlet*) : plant obtenu en laboratoire par la culture de tissus isolés (à partir d'un plant-mère choisi en fonction de ses qualités) sur un milieu synthétique, dans des conditions stériles, un environnement contrôlé et un espace réduit et fermé (généralement un tube ou une boite en verre ou plastique). En comparaison des boutures, les vitroplants sont un des moyens les plus économiques et sûrs au plan sanitaire pour échanger du matériel végétal chez les plantes à multiplication végétative.

Bibliographie

Agbor Egbe E.T., Brauman A., Griffon D., Treche S. (eds.), 1995. *Transformation alimentaire du manioc*, Paris, Colloques et séminaires, Cirad, Orstom éditions, CTA, France. 747 p.

Agromisa, 2005. La fabrication et l'utilisation du compost. 6ᵉ édition, Wageningen, Pays-Bas, *Agrodok, 8*, 73 p.

Akpan I., Ikenebomeh M.J., Doelle H.W., 1998. Glutamic acid production from cassava whey by *Brevibacterium* sp. G012. *Tropical Science*, 38, 147-150.

Alvaro P.M., Grosmaire L., Dufour D., Toro A.G., Sanchez T., Calle F., Santander M.A.M., Ceballos H., Delarbre J.L., Tran T., 2013. Combined effect of fermentation, sun-drying and genotype on breadmaking ability of sour cassava starch. *Carbohydrate Polymers*, 98, 1137-1146. http://dx.doi.org/10.1016/j.carbpol.2013.07.012

Angelov M.N., Sun J., Byrd G.T., Brown R.H., Black C.C., 1993. Novel characteristics of cassava, *Manihot esculenta* Crantz, a reputed C_3-C_4 intermediate photosynthesis species. *Photosynthesis Research*, 38(1), 61-72.

Asante-Pok A., 2013. Analysis of incentives and disincentives for cassava in Nigeria. *Technical notes series*, Rome, MAFAP, FAO, 40 p.

Bechoff A., Tomlins K.I., Fliedel G., Becerra López-Lavalle L.A., Westby A., Hershey C., Dufour D., 2016. Cassava traits and end-user preference: relating traits to consumer liking, sensory perception, and genetics. *Critical Reviews in Food Science and Nutrition*, http://dx.doi.org/10.1080/10408398.2016.1202888

Braima J., Yaninek, J., Neuenschwander, P., Cudjoe, A., Modder, W., Echendu, N., Toko M., 2000. *Lutte contre les ravageurs du manioc - Guide de la pratique de lutte intégrée à l'usage des vulgarisateurs*, IITA, 36 p.

Byrne, D. 1984. Breeding cassava. *Plant Breeding Reviews*, 2, 73-134.

Cardozo Tellez L., Pardo J. M., Zacher M., Torres A., Alvarez E., 2016. First report of a 16SrIII phytoplasma associated with frogskin disease in cassava (*Manihot esculenta*) in Paraguay. *Plant Disease*, 100(7).

Cassava viet, 2014. New result of developing the cassava variety KM419. 27/11/2014. http://cassavaviet.blogspot.fr/2014/11/new-result-of-developing-cassava.html

Ceballos H., Ramirez J., Bellotti A.C., Jarvis A., Alvarez E., 2011. Adaptation of Cassava to Changing Climates. *In Crop Adaptation to Climate Change*. (eds. Yadav S.S., Redden R.J., Hatfield J.L., Lotze-Campen H., Hall A.E.), Chapter 19, Oxford, UK, John Wiley & Sons, 411-425.

Cirad, AFD, Ministry of Agriculture, Forestry and Fischery (General Directorate of Agriculture), 2010. Projet d'appui au développement du Cambodge. Annual Activity Report, 2007-2009. 106 p.

Cornuejols Consultants SARL, 2008. Étude de marché des produits ethniques dérivés du manioc dans trois pays de l'Union européenne. Rapport de l'étude financée par « The Regional Cassava Processing and Marketing Initiative », France, IFAD, 120 p.

Coulibaly O., Arinloye A.D., Faye M., Abdoulaye T., Calle-Goulivas A., Ahoyo R., 2014. *Analyse des chaînes de valeur régionales du manioc en Afrique de l'Ouest. Étude de cas de la Côte-d'Ivoire*, Coraf/PPAAO, 46 p. DOI: 10.13140/2.1.3427.7446.

Coyne D.L., 1994. Nematode pest of cassava. *African Crop Science Journal*, 2, 355-359.

Dufour D., O'Brien G.M., Best R. (eds.), 1996. *Cassava Flour and Starch: Progress in Resarch and Development*, Colombie, CIAT/Cirad, 409 p.

Dufour D., Tran T., Belalcazar J., Takahashi M., Fauquet C., 2016. *Parana: Cassava Country*. CIAT-CGP21 (http://www.gcp21.org/stories.html)

Edison S., Anantharaman M., Srinivas T., 2006. *Status of Cassava in India: an Overall View. Technical Bulletin Series* 46, 172 p., Central Tuber Crops Research Institute, India.

El-Sharkawy M.A., 2007. Physiological characteristics of cassava tolerance to prolonged drought in the tropics: Implications for breeding cultivars adapted to seasonally dry and semi-arid environments. *Brazilian Journal of Plant Physiology*, 19, 257-286.

El-Sharkawy M.A., Cock J.H., Held A.A., 1984. Photosynthetic responses of cassava cultivars (*Manihot esculenta* Crantz) from different habitats to temperature. *Photosynthesis Research*, 5, 243-250.

Falade K.O., Akingbala J.O., 2010. Utilization of cassava for food. *Food Reviews International*, 27, 51-83.

FAO, 2001. Proceedings of the validation forum on the global cassava development strategy, Rome, 26-28 april 2000. An Assessment of the Impact of Cassava. Production and Processing on the Environment and Biodiversity, (Vol 5). http://www.fao.org/docrep/007/y2413e/y2413e0b.htm

FAO, 2010. Les maladies du manioc en Afrique centrale, orientale et australe (CaCESA) - cadre de programme stratégique 2010-2015, Rome, FAO, 63 p.

FAO, 2013. *Save and Grow: Cassava - A guide to sustainable production intensification.* Rome, FAO, IFAD. 2001. Global Cassava Development Strategy and Implementation Plan (Vol 1), 140 p. http://www.fao.org/ag/save-and-grow/cassava/en/2/index.html

FAOSTAT, 2016. http://www.fao.org/faostat/fr/#home (consulté en décembre 2016)

Ferguson M., Rabbi I., Kim D., Gedil M., Lopez-Lavalle L., Okogbenin E., 2012. Molecular markers and their application to cassava breeding: past, present and future. *Tropical Plant Biology*, 5(1) : 95-109. http://dx.doi.org/10.1007/s12042-011-9087-0

Fregene M., Okogbenin E., Egba A., Dalevedove M., Burger L., Okechukwu R., Adesina A., 2016. Industrialization of cassava in Africa: the case of Nigeria. *In:* World Congress on Root and Tuber Crops, 18-22 January 2016, Nanning, Chine. http://www.gcp21.org/wcrtc/ppt/PS03-MFregene.pdf

Fukuda, W.M.G., Guevara C.L., Kawuki R., Ferguson M.E., 2010. *Selected morphological and agronomic descriptors for the characterization of cassava*. International Institute of Tropical Agriculture (IITA), Ibadan, Nigeria. 19 p.

Gegios A., Amthor R., Maziya-Dixon B., Egesi C., Mallowa S., Nungo R., Gichuki S., Mbanaso A., Manary M.J., 2010. Children consuming cassava as a staple food are at risk for inadequate zinc, iron, and vitamin A intake. *Plants Foods for Human Nutrition,* 65(1), 64-70.

GIEC, 2007. *Climate Change 2007: Impacts, Adaptation and Vulnerability: Summary for policy makers.* www.ipcc. cg/SPM13apr07.pdf

Gómez G., Valdivieso M., De La Cuesta D., Kawano K., 1984. Cyanide content in whole-root chips of ten cassava cultivars and its reduction by oven drying or sun drying on trays. *Journal of Food Technology,* 19 : 97-102.

Graziosi, I., Minato, N., Alvarez, E., Ngo D.T., Hoat T.X., Aye T.M., Pardo J., Wongtiem P., Wyckhuys K., 2016. Emerging pests and diseases of South-east Asian cassava: a comprehensive evaluation of geographic priorities, management options and research needs. *Pest Management Science,* 72(6), 1071-1089.

Griffon D., Zakhia N., 1996. Valorisation des produits, sous-produits et déchets de la petite et moyenne industrie de transformation du manioc en Amérique latine. Rapport scientifique final, CEE STD3), Montpellier, France, Cirad, 332 p.

Guide B., Soares E., Ittimura C., Alves V., 2016. Entomopathogenic nematodes in the control of cassava root mealybug Dysmicoccus sp. (Hemiptera : Pseudococcidae). *Revista Colombiana de Entomologia,* 42(1), 16-21.

Gulick P., Hershey C., Esquijnas-Alcazar R.J., 1983. *Genetic resources of cassava and wild relatives.* Rome, IBPGR, AGPG. 82/ 111, 60 p.

Hahn S.K., Asiedu R., 1990. Amélioration génétique. *In : Le manioc en Afrique tropicale.* Un manuel de référence. Ibadan, Nigeria. IITA, 29-35.

Ham L.H., Kim H., Thi Truc Mai N., Bach Mai N., Howeler R., 2016. The cassava revolution in Vietnam, presentation at the GCP21-3rd conference, *In: World Congress on Root and Tuber Crops,* 18-22 January 2016, Nanning, Chine, http://www.gcp21.org/wcrtc/ ppt/PS06-LeHuyHam.pdf

Hansupalak N., Piromkraipak P., Tamthirat P., Manitsprasak A., Sriroth K., Tran T., 2016. Biogas reduces the carbon footprint of cassava starch: a comparative assessment with fuel oil. *Journal of Cleaner Production,* 134 : 539-546.

Howeler, R.H. 1991. Long-term effect of cassava cultivation on soil productivity. *Field Crops Research* 26, 1-18.

Howeler R.H. (Ed), 2012. *The cassava-handbook-reference-manual. A Reference Manual based on the Asian Regional Cassava Training Course, held in Thailand.* CIAT, The Nippon Foundation, 802 p.

Iglesias, C., Mayer J., Chavez L., Calle F., 1997. Genetic potential and stability of carotene content in cassava roots. *Euphytica,* 94, 367-373.

IITA, 1990. *Le manioc en Afrique tropicale. Un manuel de référence.* Ibadan, Nigeria, 189 p.

IITA, 2015. *Root and Tuber Crops (Cassava, Yam, Potato and Sweet Potato),* prepared by N. Sanginga, DG IITA, UN-ECA conference - Feeding Africa, 21-23/10/2015, Dakar.

James B., Yaninek J., Neuenschwander P., Cudjoe A., Modder W., Echendu N., Toko M., 2000. *Lutte contre les ravageurs du manioc - Guide de la pratique de lutte intégrée à l'usage des vulgarisateurs*, IITA, 36 p.

Jarvis A., Ramirez-Villegas J., Herrera Campo B.V., Navarro-Racines C., 2012. Is cassava the answer to African climate change adaptation? *Tropical Plant Biology*, 5, 9-29.

Karlström A., Calle F., Salazar S., Morante N., Dufour D., Ceballos H., 2016. Biological implications in cassava for the production of amylose-free starch: Impact on root yield and related traits. Frontiers in Plant Science, http://dx.doi.org/10.3389/fpls.2016.00604

Kimathi M., Ngeli P., Wanjiru J., 2007. *Value Chain Analysis for Cassava Flour and Related Products: a Case Study of Uganda and Kenya*, Study by Farm Concern International presented to Asareca, 59 p.

Krishnan R., Magoon M.L., Bai K.V., 1970. The pachytene karyology of *Manihot glaziovii*. *Genetica Iberica*, 22, 177-191.

Lefèvre F., 1988. Ressources génétiques et amélioration du manioc, *Manihot esculenta* Crantz, en Afrique. Thèse de doctorat, INA-PG, Paris, France, 144 p.

Leonel M., Cereda M.P., Rouau X., 1998. Cassava bagasse as a dietary food product. *Tropical Science*, 38, 224-228.

N'Zué B., 2007. Caractérisation morphologique, sélection variétale et amélioration du taux de multiplication végétative chez le manioc (*Manihot esculenta* Crantz). Thèse de doctorat, Université de Cocody, Abidjan, Côte d'Ivoire, 141 p.

Nassar N.M.A., 1978. Genetic resources of cassava: 4-chromosome behaviour in some wild *Manihot* species. *Indian Journal Of Genetic And Plant Breeding*, 38, 135-137.

Nassar N.M.A., 1979. Three Brazilian *Manihot* species with tolerance to stress conditions. *Canadian Journal Of Plant Science*, 59, 553-555.

Nassar N.M.A., 1980. Attempts to hybridize wild *Manihot* species with cassava. *Economic Botany*, 34, 13-15.

Nassar N.M.A., Da Silva J.R., Vieira C., 1986. Hybridaçao interespecifica entre mandioca e especies silvestres de *Manihot*. *Ciência e Cultura*, 38, 1050-1055.

Newby J., 2016. Cassava in Asia: Exposing the drivers and trajectories of the hidden ingredient in global supply chains. *In:* World Congress on Roots and Tubers, 18-22 January 2016, Nanning, Chine.

Nzila J. de D., Nyété B., 1996. Pratiques culturales paysannes au Congo : influence de l'écobuage sur l'évolution de la fertilité des sols de la vallée du Niari. *In : Fertilité du milieu et stratégies paysannes sous les tropiques humides* ; Pichot J., Sibelet N. et Lacoeuilhe J.J. (Ed.), Colloques, Montpellier, France, Cirad, p. 245-248.

Odipio J., Ogwok E., Taylor N.J., Halsey M., Bua A., Fauquet C.M., Alicai T., 2014. RNAi-derived field resistance to Cassava brown streak disease persists across the vegetative cropping cycle. GM Crops & Food, *Biotechnology in Agriculture and the Food Chain*, 5(1), 16-19.

OMS/WHO, 1995. *Global prevalence of vitamin A deficiency*. MDIS Working Paper #2. WHO, Genève, Suisse.

Ospina B., Ceballos H. (eds.), 2012. *Cassava in the Third Millenium: modern production, processing, use, and marketing systems*, Colombie, CIAT/CLAYUCA/CTA, 574 p.

Patil B., Fauquet C.M., 2009. Cassava mosaic geminiviruses: actual knowledge and perspectives. *Molecular Plant Pathology*, 10, 685-701.

Patil B.L., Ogwok E., Wagaba H., Mohammed I.U., Yadav J.S., Bagewadi B., Taylor N.J., Kreuze J.F., Maruthi M.N., Alicai T., Fauquet C., 2011. RNAi-mediated resistance to diverse isolates belonging to two virus species involved in Cassava brown streak disease. *Molecular Plant Pathology*, 12(1), 31-41.

Pelt J.M., Mazoyer M., Monod T., Girardon J., 1999. *La plus belle histoire des plantes; Les racines de notre vie*. Paris, Ed. Seuil, 220 p.

Ramirez-Villegas J., Thornton P.K., 2015. *Climate change impacts on African crop production. CCAFS. Working Paper no. 119*. Copenhagen, Danemark, CGIAR Research Program on Climate Change, Agriculture and Food Security (CCAFS). Copenhagen, Danemark. ww.ccafs.cgiar.org.

République du Cameroun, 2010. *Stratégie de développement de la filière manioc au Cameroun 2010-2015*, 52 p.

Sauer C.O., 1969. *Vegeculture: an horticultural system based on vegetative reproduction of root and tuber crops. Land and Life*. Berkeley, University of California Press.

Shetty J.K., Strohm B.A., Ho Lee S., Duan G., Bates D., 2014. Cassava, the next corn for starch sweeteners. *Industrial Biotechnology*, 10 : 275-284.

Silvestre P., 1987. *Manuel pratique de la culture du manioc*. ACCT collection, Paris, Maisonneuve et Larose ed., 119 p.

Silvestre P., Arraudeau M., 1983. *Le manioc*. Maisoneuve et Larose et ACCT, 262 p.

Soulé B.G., Aboudou F., Gansari S., Tassou M., Yallou J.D., 2013. *Analyse de la structure et la dynamique de la chaîne de valeur du manioc au Bénin*, Cotonou, Laboratoire d'Analyse régionale et d'Expertise sociale (LARES), 75 p.

Tran T., Da G., Moreno-Santander M.A., Vélez-Hernández G.A., Giraldo-Toro A., Piyachomkwan K., Sriroth K., Dufour D., 2015. A comparison of energy use, water use and carbon footprint of cassava starch production in Thailand, Vietnam and Colombia. *Resources, Conservation and Recycling*, 100, 31-40.

Uhder C., Ahmadi N., Asiedu E.A., Baris P., Boirard H., Bricas N., Cruz J.F., Dabat M.H., Demay S., De Raïssac M., Djamen P., Drabo I., Dugué P., Faivre Dupaigre B., Fatakuchi K., Fatunbi W., Fliedel G., Fok M., Gedil M., Gueye M.C., Gueye M.T., Hocdé H., Konaté G., Lançon J., Maraux F., Papazian V., Remy P., Roy-Macauley H., Sanfo D., Sanou J., Sedogo M.P., Simon D., Sossou C.H., Thirion M.C., Traoré O., Gué-Traoré J., Trouche G., Vernier P., Vognan G., Yagoua N.K.D., Zohouri P.G., Zoungrana B.. 2013. Paris : http://publications.cirad.fr/une_notice.php?dk=570213 *Rainfed food crops in West and Central Africa: Points for analysis and proposals for action*. AFD, 186 p. (AFD, 6)

USAID/Paraguay Vende, 2010. *Mandioca, una opción industrial*, Paraguay, 54 p.

Van Oirschot Q., O'Brien G.M., Dufour D., El-Sharkawy M.A., Mesa E., 2000. The effect of pre-harvest pruning of cassava upon root deterioration and quality characteristics. *Journal of the Science of Food and Agriculture,* 80(13), 1866-1873.

Westby A. Tomlins K., Bennett B., Lamboll R., Graffham A., Marchant A., Abeyomi L., Martin A., Forsythe L., Rees D., Hillocks R., Kleih U., Gowda M., Bechoff A., Naziri D., Arnold S., Stathers T., Coote C., NRI/ University of Greenwich, 2015. *Postharvest issues for tropical root and tuber crops in a changing world. In: World Congress on Root and Tuber Crops,* 18-22 January 2016, Nanning, Chine. http://www.gcp21.org/wcrtc/ppt/PS11-AndrewWestby.pdf

Zakhia N., 1997. Valorización de los productos alimenticios tradicionales de la área amazónica de Bolivia. Projet financé par la Commission européenne, Tratado de Cooperación Amazonica, Ciddebeni, Cirad, 102 p.

Index

Photo de couverture :
Épluchage du manioc, Bénin (©Dominique Dufour, Cirad)

Édition : Presses agronomiques de Gembloux et Éditions Quæ

Infographie : Desk

Mise en pages : Hélène Bonnet – Studio 9

Imprimé pour vous par Books on Demand (Allemagne)